Bhadresh R Sudani

Colhendo a luz do sol: Transformando a vida dos agricultores com secadores solares

Bhadresh R Sudani

Colhendo a luz do sol: Transformando a vida dos agricultores com secadores solares

Imprint

Any brand names and product names mentioned in this book are subject to trademark, brand or patent protection and are trademarks or registered trademarks of their respective holders. The use of brand names, product names, common names, trade names, product descriptions etc. even without a particular marking in this work is in no way to be construed to mean that such names may be regarded as unrestricted in respect of trademark and brand protection legislation and could thus be used by anyone.

Cover image: www.ingimage.com

This book is a translation from the original published under ISBN 978-620-7-48759-2.

Publisher:
Sciencia Scripts
is a trademark of
Dodo Books Indian Ocean Ltd. and OmniScriptum S.R.L publishing group

120 High Road, East Finchley, London, N2 9ED, United Kingdom
Str. Armeneasca 28/1, office 1, Chisinau MD-2012, Republic of Moldova, Europe
Printed at: see last page
ISBN: 978-620-8-08231-4

Conteúdo

Dedicado à minha
Família Amada

Caros leitores,

É com grande prazer e entusiasmo que apresento a primeira edição de "Harvesting Sunshine: Transformando a Vida dos Agricultores com Secadores Solares". Este livro aprofunda o potencial transformador das tecnologias de secagem solar no sector agrícola, particularmente na melhoria das vidas e dos meios de subsistência dos agricultores em todo o mundo.

A jornada para escrever este livro começou com uma constatação simples, mas profunda: o poder do sol, aproveitado através de técnicas inovadoras de secagem solar, pode revolucionar as práticas agrícolas tradicionais e capacitar as comunidades. Ao longo dos anos, tive o privilégio de testemunhar em primeira mão o impacto notável dos secadores solares na vida dos agricultores - desde a redução das perdas pós-colheita e o aumento da segurança alimentar até à geração de rendimentos adicionais e à promoção de práticas agrícolas sustentáveis.

Além disso, "Harvesting Sunshine" não é apenas um manual técnico; é um testemunho da resiliência, engenho e determinação dos agricultores que adoptaram a secagem solar como um catalisador para uma mudança positiva. As suas histórias servem como faróis de esperança e inspiração, ilustrando como a inovação e a colaboração podem criar caminhos para um futuro mais brilhante e mais sustentável.

Estou imensamente grato aos inúmeros indivíduos e organizações que contribuíram com seus conhecimentos, percepções e apoio para tornar este livro uma realidade. Um agradecimento especial aos agricultores cuja dedicação inabalável e espírito pioneiro continuam a impulsionar o movimento de secagem solar.

Ao embarcarmos juntos nesta viagem, que "Harvesting Sunshine" sirva de luz orientadora para todos os que estão empenhados em transformar a vida dos agricultores, em aproveitar o poder do sol e em construir um mundo mais equitativo e sustentável.

Com gratidão e expetativa,

Dr. Bhadresh Sudani

Capítulo 1

Introdução

Num mundo que se debate com a crescente procura de alimentos, os desafios das alterações climáticas e o esgotamento dos recursos naturais, a iniciativa agro-solar surge como um farol de esperança. Este projeto transformador combina na perfeição a velha sabedoria das práticas agrícolas tradicionais com a energia inesgotável do sol.

-1- De facto, o rico património agrícola da Índia está profundamente enraizado no seu tecido cultural. A vasta extensão de terra fértil, os diversos climas e as práticas agrícolas seculares moldaram a identidade da nação. Desde os campos dourados de trigo do Punjab até aos luxuriantes terraços de arroz de Kerala, a paisagem agrícola da Índia é um mosaico de cores, tradições e sustento.

-2- A sementeira rítmica das sementes, as danças dos agricultores durante as monções e o trabalho incansável sob o sol escaldante contam histórias de resiliência e interligação. Gerações têm lavrado o solo, retirando vida da terra e cultivando colheitas que sustentam milhões de pessoas.

-3- **A proeza agrícola da Índia** estende-se para além das suas fronteiras. As especiarias, o chá, o arroz e o algodão chegam aos mercados globais, deixando rastos perfumados de comércio e cultura. Os rios sagrados, venerados como linhas de vida, irrigam os campos e simbolizam a abundância.

-4- No entanto, os desafios persistem. As alterações climáticas, a fragmentação das terras e a situação difícil dos pequenos agricultores exigem soluções inovadoras. Quando o sol se ergue sobre as vastas planícies do Ganges ou se põe atrás dos Ghats Ocidentais, ilumina não só os campos mas também as aspirações. A promessa de uma colheita abundante, a esperança de prosperidade e a resiliência daqueles que trabalham - estes são os fios que unem a história agrícola da Índia.

Celebremos, pois, a testa suada, as mãos calejadas e o espírito inabalável do agricultor indiano. Porque no seu trabalho está o sustento de uma nação - uma sinfonia de campos beijados pelo sol, orações sussurradas e a promessa de um amanhã melhor.

Desenvolvimento sustentável (DS):

- Antes de começarmos a viagem em direção ao secador solar, vamos conhecer o termo básico que lhe está subjacente. Refere-se a uma abordagem equilibrada que satisfaz as necessidades do presente sem comprometer a capacidade das gerações futuras de satisfazerem as suas próprias necessidades. Centra-se na harmonização dos aspectos económicos, sociais e ambientais para criar um mundo melhor.

- Trata-se de um **princípio organizador** que procura alcançar os objectivos de desenvolvimento humano e, ao mesmo tempo, garantir que os sistemas naturais possam fornecer recursos essenciais e serviços ecossistémicos aos seres humanos. No processo de DS, o resultado desejado é uma sociedade onde as condições de vida e os recursos satisfazem as necessidades humanas sem comprometer a integridade e a estabilidade dos sistemas naturais do planeta. Para compreender os termos, ver a figura-1.

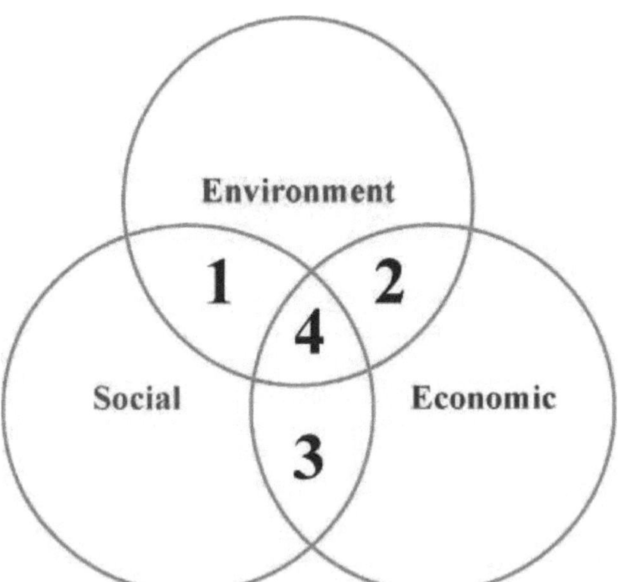

Figura 1: Conceito de desenvolvimento sustentável

Fonte: https://www.sustainablesanantonio.com/what-is-sustainability/
Onde;
1 = regimes de desenvolvimento equitativos 2 = regimes de desenvolvimento viáveis,
3 = Regimes de desenvolvimento suportáveis 4= Desenvolvimento sustentável
Em suma, é um conceito multifacetado que visa satisfazer as necessidades do presente sem comprometer a capacidade das gerações futuras de satisfazerem as suas próprias necessidades. Engloba as dimensões económica, social e ambiental. A cultura indígena, por outro lado, refere-se às tradições, sistemas de conhecimento, línguas e práticas ricas e diversificadas dos povos indígenas que habitam regiões específicas há gerações.
Eis alguns pontos-chave relativos à intersecção entre o desenvolvimento sustentável e a cultura indígena:
1. **Conhecimento indígena e desenvolvimento sustentável:**
o Os povos indígenas possuem conhecimentos valiosos sobre os seus ecossistemas locais, recursos naturais e práticas sustentáveis. Estes conhecimentos são frequentemente transmitidos através de tradições orais e experiências vividas.
o A incorporação do conhecimento indígena nas estratégias de desenvolvimento sustentável pode aumentar a resiliência, promover a conservação da biodiversidade e contribuir para o bem-estar da comunidade.
o Por exemplo, as práticas agrícolas indígenas que dão prioridade à saúde do solo, à diversidade das culturas e à conservação da água podem servir de base a métodos agrícolas sustentáveis.

2. **Diversidade cultural e resiliência**:

o A diversidade cultural é essencial para o desenvolvimento sustentável. As culturas indígenas contribuem para a riqueza da experiência humana e oferecem perspectivas alternativas de desenvolvimento.

o Quando as culturas indígenas são respeitadas e preservadas, contribuem para a resiliência da comunidade. As práticas culturais, os rituais e os sistemas de governação tradicionais promovem a coesão social e a adaptabilidade.

3. **Direitos e gestão da terra**:

o Os direitos à terra são cruciais para os povos indígenas. A posse segura da terra permite-lhes continuar as suas práticas tradicionais, manter ligações espirituais à terra e proteger os recursos naturais.

o O desenvolvimento sustentável deve reconhecer e respeitar os direitos indígenas à terra. Quando as comunidades indígenas têm controlo sobre os seus territórios, podem praticar uma gestão sustentável dos recursos.

4. **Fundamentos espirituais e bem-estar**:

o As culturas indígenas têm frequentemente profundas ligações espirituais à natureza. As suas cosmologias consideram a terra, a água e todos os seres vivos como estando interligados.

o O desenvolvimento sustentável deve ter em conta estes fundamentos espirituais. Quando o desenvolvimento se alinha com as visões do mundo indígenas, promove o bem-estar holístico e a harmonia.

o **Desafios e** oportunidades:

o Apesar dos seus contributos, as populações indígenas enfrentam desafios como a marginalização, a discriminação e a perda do património cultural.

o Os objectivos de desenvolvimento sustentável (ODS) têm de abordar estas disparidades e garantir que a agência indígena está no centro dos processos de tomada de decisão.

o O reconhecimento dos direitos indígenas, a promoção da revitalização cultural e o fomento de parcerias entre as comunidades indígenas e os decisores políticos são passos essenciais.

Aspectos históricos da SD:

O conceito de **desenvolvimento sustentável** surgiu como resposta às crescentes preocupações sobre o impacto das actividades humanas no ambiente e na sociedade. Vamos aprofundar as suas origens:

1. **Relatório Brundtland (1987)**:

o O termo "desenvolvimento sustentável" ganhou proeminência com a publicação do Relatório Brundtland, oficialmente intitulado "O Nosso Futuro Comum".

o O relatório foi publicado pela Comissão Mundial sobre Ambiente e Desenvolvimento (WCED), presidida pela antiga primeira-ministra norueguesa Gro Harlem Brundtland.

o Definiu o desenvolvimento sustentável como um desenvolvimento que satisfaz as necessidades do presente sem comprometer a capacidade das gerações futuras de satisfazerem as suas próprias necessidades.

o **Princípios-chave do Relatório Brundtland**:

o Interconexão: O relatório sublinhou a interligação das questões ambientais, sociais e económicas. Salientou que estas dimensões não podem ser abordadas isoladamente.

o Equidade: O desenvolvimento sustentável deve promover a equidade no seio das gerações e entre elas. Apelou à resolução do problema da pobreza, da desigualdade e da justiça social.

o Conservação e gestão: O relatório sublinha a necessidade de conservar os recursos naturais e de os gerir de forma responsável.

o Abordagem de precaução: Os decisores devem adotar medidas de precaução para evitar danos irreversíveis ao ambiente e ao bem-estar humano.

o **Cimeira da Terra do Rio (1992):**

o A Conferência das Nações Unidas sobre o Ambiente e o Desenvolvimento (CNUAD), também conhecida como Cimeira da Terra, teve lugar no Rio de Janeiro em 1992.

o A cimeira baseou-se no Relatório Brundtland e levou à adoção da Agenda 21, um plano de ação abrangente para o desenvolvimento sustentável.

o Resultou também na criação da Convenção-Quadro das Nações Unidas sobre as Alterações Climáticas (CQNUAC) e da Convenção sobre a Diversidade Biológica (CDB).

o **Objectivos de Desenvolvimento Sustentável (ODS):**

o Em 2015, as Nações Unidas adoptaram a Agenda 2030 para o Desenvolvimento Sustentável. Esta agenda inclui 17 Objectivos de Desenvolvimento Sustentável (ODS) com 169 metas.

o Os ODS abrangem uma vasta gama de questões, incluindo a erradicação da pobreza, a saúde, a educação, a igualdade de género, a ação climática e a conservação da biodiversidade.

o Os ODS têm como objetivo alcançar um mundo mais sustentável e equitativo até 2030.

Segue-se um quadro conciso que resume os **17 Objectivos de Desenvolvimento Sustentável (ODS)**, que servem de modelo global para alcançar um mundo mais sustentável e equitativo até 2030: (Quadro-1)

Quadro 1: ODS a atingir em 2030

N.º Sr.	Objetivo	Descrição
1	Sem pobreza	Acabar com a pobreza em todas as suas formas, em todo o lado.
2	Fome Zero	Acabar com a fome, alcançar a segurança alimentar, melhorar a nutrição e promover uma agricultura sustentável.
3	Boa saúde e bem-estar	Assegurar uma vida saudável e promover o bem-estar para todos, em todas as idades.
4	Educação de qualidade	Assegurar uma educação de qualidade,

		inclusiva e equitativa, e promover oportunidades de aprendizagem ao longo da vida para todos.
5	Igualdade de género	Alcançar a igualdade de género e dar poder a todas as mulheres e raparigas.
6	Água potável e saneamento	Assegurar a disponibilidade e a gestão sustentável da água e do saneamento para todos.
7	Energia acessível e limpa	Garantir o acesso de todos a uma energia acessível, fiável, sustentável e moderna.
8	Trabalho digno e crescimento económico	Promover o crescimento económico sustentado, inclusivo e sustentável, o emprego pleno e produtivo e o trabalho digno para todos.
9	Indústria, inovação e infra-estruturas	Construir infra-estruturas resistentes, promover a industrialização inclusiva e sustentável e fomentar a inovação.
10	Redução da desigualdade	Reduzir as desigualdades no interior dos países e entre eles.
11	Cidades sustentáveis e Comunidades	Tornar as cidades e os aglomerados humanos inclusivo, seguro, resiliente e sustentável.
12	Responsável Consumo e produção	Assegurar padrões de consumo e de produção sustentáveis.
13	Ação climática	Tomar medidas urgentes para combater as alterações climáticas e os seus impactos.
14	Vida debaixo de água	Conservar e utilizar de forma sustentável os oceanos, os mares e os recursos marinhos.
15	Vida na terra	Proteger, recuperar e promover a utilização sustentável dos ecossistemas terrestres, gerir as florestas de forma sustentável, combater a desertificação, travar e inverter a degradação dos solos e travar a perda de biodiversidade.
16	Paz, justiça e instituições fortes	Promover sociedades pacíficas e inclusivas para o desenvolvimento sustentável, proporcionar o acesso à justiça para todos e criar instituições eficazes, responsáveis e inclusivas a todos os níveis.
17	Parcerias para os objectivos	Reforçar os meios de implementação e revitalizar a parceria global para o desenvolvimento sustentável.

Fonte: https://www.globalgoals.org/

o **Evolução e desafios**:

o O desenvolvimento sustentável tem evoluído ao longo do tempo, incorporando novas perspectivas como a economia circular, o empreendedorismo social e as tecnologias verdes.

o Continuam a existir desafios, incluindo o equilíbrio entre o crescimento económico e a proteção do ambiente, a abordagem das alterações climáticas e a garantia da inclusão social.

o Em resumo, o conceito de desenvolvimento sustentável tem as suas raízes no Relatório Brundtland e, desde então, tornou-se uma agenda global para criar um futuro melhor para todos, salvaguardando o nosso planeta

Vamos explorar alguns exemplos de desenvolvimento sustentável:

1. **Energia eólica**:

-1- A energia eólica aproveita a força do vento para gerar eletricidade. É abundante, renovável e não prejudica o ambiente. As turbinas eólicas nas regiões costeiras são um excelente exemplo de produção de energia sustentável.

2. **Energia solar**:

-1- A energia solar utiliza o calor e a luz do sol para gerar energia térmica ou eléctrica. É limpa, inesgotável e tem um impacto ambiental mínimo. Os painéis solares nos telhados ou as quintas solares são exemplos de práticas energéticas sustentáveis.

3. **Rotação de culturas**:

-1- A rotação de culturas envolve a plantação de diferentes culturas no mesmo local durante épocas consecutivas. Esta prática repõe os nutrientes do solo, reduz a necessidade de fertilizantes químicos, melhora a estrutura do solo e minimiza a erosão.

-2- As práticas agrícolas sustentáveis, como a rotação de culturas, contribuem para a saúde do solo a longo prazo.

4. **Construção sustentável**:

-1- A construção civil consome recursos e produz resíduos. A construção sustentável minimiza os efeitos adversos através da utilização de materiais amigos do ambiente, da redução dos resíduos e da consideração dos impactos a longo prazo. O seu objetivo é criar estruturas duradouras sem prejudicar o ambiente.

5. **Instalações de água eficientes**:

-1- A gestão sustentável da água envolve a utilização de equipamentos eficientes, como sanitas de baixo caudal, sistemas de recolha de águas pluviais e irrigação inteligente. Estas práticas conservam a água, reduzem os custos e promovem uma utilização responsável da água.

6. **Espaço verde**:

-1- Os espaços verdes urbanos, os parques e as hortas comunitárias melhoram a qualidade de vida. Proporcionam áreas de lazer, melhoram a qualidade do ar e apoiam a biodiversidade. O planeamento urbano sustentável inclui a criação e manutenção de espaços verdes.

7. **Silvicultura sustentável**:

-1- Uma gestão florestal correta assegura o equilíbrio entre a produção de madeira, o habitat da vida selvagem e a saúde do ecossistema. As práticas florestais sustentáveis protegem as florestas, evitam a desflorestação e promovem a reflorestação.

O desenvolvimento sustentável na agricultura não é apenas uma necessidade global, mas também fundamental para o bem-estar dos agricultores e do planeta. Vamos analisar por que razão as práticas sustentáveis são essenciais e como podem moldar um futuro melhor:

1. **Porque é que a agricultura sustentável é importante**:

-1- Conservar os recursos: A agricultura sustentável tem como objetivo sustentar as gerações actuais e futuras, preservando ao mesmo tempo a capacidade do planeta para suportar a vida. É uma abordagem holística que equilibra as necessidades humanas com a saúde ambiental.

-2- Desafios da agricultura convencional: A agricultura industrial moderna, embora eficiente, tem inconvenientes como a degradação dos ecossistemas, a perda de biodiversidade e os riscos para a saúde. As práticas sustentáveis procuram resolver estas questões e dar prioridade à saúde do planeta.

-3- Proteção da biodiversidade: Ao apoiar ativamente a biodiversidade, a agricultura sustentável ajuda a proteger e a restaurar habitats críticos. É a nossa forma de garantir um ecossistema próspero para as gerações vindouras.

2. **Práticas-chave na agricultura sustentável**:

-1- Policultura: Em vez de depender de uma única cultura (monocultura), a agricultura sustentável promove diversas culturas cultivadas em conjunto. Esta abordagem melhora a qualidade do solo, reduz a necessidade de utilizar produtos químicos e aumenta a resiliência geral.

-2- Rotação de culturas: A mudança regular de culturas num campo ajuda a preservar a produtividade do solo e minimiza a necessidade de fertilizantes químicos e de controlo de pragas.

-3- Culturas de cobertura e adubos verdes: As culturas de cobertura fixadoras de azoto, as culturas abafadas e os adubos verdes ajudam a restaurar os solos, a reduzir a erosão e a reciclar os nutrientes.

-4- Eficiência energética: As explorações agrícolas sustentáveis esforçam-se por poupar energia a todos os níveis, contribuindo para um futuro mais sustentável.

-5- Harmonia com a Natureza: Aprendendo com a produtividade natural, as práticas sustentáveis enfatizam a cooperação, a colaboração e o trabalho dentro dos limites naturais.

3. **O papel da Índia na agricultura sustentável**:

-1- A Índia, sendo uma potência agrícola, desempenha um papel crucial. Práticas como o plantio direto, a permacultura, a rotação de culturas e a agricultura biológica estão a ganhar força.

-2- Resiliência climática: Os métodos sustentáveis adaptam-se às alterações dos padrões climáticos, garantindo a subsistência dos agricultores.

-3- Agricultura urbana: Mesmo nas cidades, as hortas nos telhados e as parcelas comunitárias contribuem para a sustentabilidade.

-4- Gestão integrada das pragas: É essencial equilibrar o controlo das pragas sem prejudicar o ambiente.

-5- Vermicompostagem: A reciclagem de resíduos orgânicos em composto rico em nutrientes contribui para a saúde do solo.

Cenário de sinergia agro-solar

O conceito é simples, mas revolucionário: **a energia solar** encontra-se com a agricultura. Imagine um criador de ovelhas a colaborar com um campo de painéis solares. As ovelhas, com o seu pastoreio diligente, mantêm a erva e as ervas daninhas à volta dos painéis bem aparadas. Entretanto, os próprios painéis servem de cobertura protetora, protegendo as culturas de condições meteorológicas extremas. É uma situação vantajosa tanto para o agricultor como para a energia solar. Mas o impacto vai para além da mera eficiência. Eis como a agro-solar está a transformar a agricultura:

-6- Aumento do rendimento das culturas: As culturas podem prosperar à volta dos painéis solares, beneficiando da luz solar filtrada que ajuda o solo a reter a humidade. O aumento do rendimento e a redução do consumo de água tornam-se objectivos alcançáveis.

-7- Sequestro de carbono: As explorações agrícolas alimentadas a energia solar contribuem para os esforços de mitigação das alterações climáticas. Não só reduzem as emissões de gases com efeito de estufa ao substituírem os combustíveis fósseis, como também facilitam o sequestro de carbono no solo.

-1- Autossuficiência: As explorações agro-solares são mais auto-suficientes. Fornecem energia durante as falhas de rede, assegurando a continuidade das operações agrícolas mesmo quando as luzes se apagam.

-2- Valor económico: Ao aproveitar a energia limpa, os agricultores podem reduzir os custos e aumentar o valor global das suas terras agrícolas.

Algumas aplicações comuns da energia solar que podemos observar no nosso meio envolvente:

1. Irrigação com energia solar:

-1- As bombas solares são utilizadas para extrair água de poços, rios ou outras fontes para irrigação. Estas bombas funcionam com energia solar, reduzindo a dependência de combustíveis fósseis e minimizando as emissões de gases com efeito de estufa.

-2- Ao aproveitar a energia do sol, os agricultores podem regar eficazmente as suas culturas, o que conduz a melhores rendimentos e à conservação da água.

-3- O governo indiano promove a irrigação solar através de programas como o Pradhan Mantri Kisan Urja Suraksha evam Utthaan Mahabhiyan (PM-KUSUM). O PM-KUSUM tem por objetivo a instalação de bombas solares, a solarização de bombas existentes e a armazenagem frigorífica alimentada por energia solar. Incentiva os agricultores a adoptarem soluções de energias renováveis.

Figura 2: Irrigação alimentada por energia solar [53]
Fonte: https://www. yby-irrigation.com/news/benefits-of-solar-
irrigation-system-58355404.html

Benefícios:

-1- *Económicas:* As bombas solares reduzem a dependência do dispendioso gasóleo ou da eletricidade.

-2- *Amigo do ambiente:* minimizam as emissões de gases com efeito de estufa.

-3- *Independência energética:* Os agricultores podem irrigar os seus campos mesmo em locais remotos.

Desafios:

-4- *Investimento inicial:* Embora os benefícios a longo prazo sejam significativos, o custo inicial das bombas solares pode ser um obstáculo para os pequenos agricultores.

-5- Manutenção: A manutenção e o apoio técnico adequados são essenciais para um desempenho sustentado.

Figura 3: Sistemas de irrigação alimentados por energia solar para pequenos agricultores no Gana [54]

Fonte: https://a.storyblok.com/f/191310/b40b18e4de/thumbnail-2jpg_1.jpg

2. Secadores solares para preservação de culturas:

-1- Os secadores solares são uma tecnologia inovadora para a transformação e conservação de alimentos em zonas áridas.

Figura 4: Secador solar para secagem de culturas [55]

Fonte: https://www.ctc-n.org/sites/default/files/tunnel_dryer_1.jpg

-2- Estes secadores utilizam a energia solar para desidratar frutas, legumes, grãos, especiarias e outras culturas.

-3- Como mencionado anteriormente, os secadores solares desempenham um papel vital na preservação dos produtos agrícolas.

-4- Isto não só evita as perdas pós-colheita, como também assegura a manutenção do valor nutricional dos produtos.

Vantagens:

-5- Perdas reduzidas: Ao desidratar os produtos, os agricultores podem minimizar as perdas durante o armazenamento e o transporte.

-6- Prazo de validade alargado: Os produtos secos podem ser armazenados durante períodos mais longos em menos volume.

-7- Preço de venda mais elevado: Durante a época baixa, os agricultores podem vender os produtos secos a melhores preços.

Desafios:

-8- Disponibilidade de eletricidade: Nas zonas rurais, a eletricidade pode não estar acessível ou ser barata para fins de secagem.

-9- Barreiras de custo: Os secadores tradicionais movidos a energia fóssil são caros para os pequenos agricultores e os agricultores marginais.

Figura 5: Secadores solares

Fonte: https://www.istockphoto.com/photos/solar-dryer

-10-   Solução solar: Os secadores solares aproveitam a energia solar abundante na Índia, especialmente nas regiões áridas e semi-áridas.

3. Armazém frigorífico alimentado por energia solar:

a.   - As instalações de armazenagem frigorífica são essenciais para a conservação de produtos perecíveis.

b.   - Os sistemas de refrigeração alimentados por energia solar podem manter baixas temperaturas sem depender de redes eléctricas.

c.   - Isto é especialmente vantajoso nas zonas rurais onde o fornecimento de eletricidade não é fiável. Logistic Insider Explica por que razão é muito útil na Índia [56].

Se explorarmos a importância da **armazenagem frigorífica alimentada por energia solar** na Índia e a forma como contribui para uma agricultura sustentável e para o desenvolvimento rural, podemos ter os pontos a registar:

d.   **O desafio do frio: significado da armazenagem a frio:**

o As instalações de armazenamento a frio desempenham um papel fundamental na preservação da frescura e do valor nutricional dos produtos agrícolas. A **cadeia de frio**, composta por câmaras frigoríficas e unidades de armazenamento, assegura que os produtos sensíveis à temperatura mantêm condições óptimas, prolongando o seu prazo de validade e minimizando o desperdício.

o o fornecimento fiável de energia é fundamental para manter a cadeia de frio.

Figura 6: Armazém frigorífico alimentado por energia solar [56]
Fonte https://www.logisticsinsider.in/why-india-should-consider- switching-to-solar-powered-cold-storage/

e. Energia solar: Uma fonte de energia sustentável:
o A energia solar surge como uma solução fiável e ecológica para alimentar as instalações de armazenagem frigorífica.
o Os painéis solares captam a luz solar e convertem-na em eletricidade, constituindo uma alternativa às fontes de energia convencionais.
o A abundante luz solar da Índia torna a energia solar ideal para o armazenamento a frio, especialmente em áreas com energia de rede inconsistente.

f. Pequenas unidades de armazenagem frigorífica: Soluções à medida para os agricultores:
o Nas zonas rurais, onde as fontes de energia convencionais podem ser limitadas, as pequenas unidades de armazenamento a frio alimentadas a energia solar tornam-se a salvação dos agricultores.
o Estas soluções compactas destinam-se às comunidades locais, permitindo aos agricultores armazenar e conservar produtos sem depender da rede eléctrica.
o Recentemente, em 2019, a ANERT inaugurou o primeiro projeto de armazenamento frigorífico alimentado por energia solar em Kerala, com planos para expandir o sistema em todo o estado [57].

Figura 7: A ANERT inaugura o primeiro projeto de armazenamento frigorífico de
Kerala alimentado a energia solar[57]
Fonte: https://www.saurenergy.com/solar-energy-news/anert-inaugurates- keralas-
first-solar-powered-cold-storage-project

g. **Armazéns frigoríficos alimentados por energia solar: Um salto tecnológico**:
o A integração da energia solar nas instalações de frio representa um salto tecnológico.
o Estas unidades aproveitam e armazenam eficazmente a energia térmica, assegurando
uma alimentação eléctrica contínua.
o Ao reduzir a pegada de carbono da cadeia de frio, contribuem para a sustentabilidade
ambiental.

h. **Prolongar o prazo de validade: O impacto da energia solar nos produtos perecíveis**:
o As soluções solares para armazenamento a frio prolongam o prazo de validade dos
produtos perecíveis, beneficiando os agricultores e as comunidades que dependem da
agricultura.
o É crucial capacitar as zonas rurais com opções de armazenamento a frio fiáveis e
sustentáveis.

i. **Gama e controlo da temperatura: Precisão na conservação**:
o A câmara frigorífica alimentada por energia solar mantém intervalos de temperatura
precisos, evitando a deterioração e mantendo a qualidade do produto.
o Esta precisão garante que as frutas, os legumes e outros produtos perecíveis se
mantenham frescos durante mais tempo.

j. **Eficiência da cadeia de frio: Impacto nas cadeias de abastecimento agrícolas**:
o Uma armazenagem frigorífica eficiente tem um impacto direto em toda a cadeia de
abastecimento agrícola.
o Reduz as perdas pós-colheita, melhora a disponibilidade de alimentos e melhora o
acesso ao mercado.

k. **Impacto nas zonas rurais: Capacitação das comunidades agrícolas**:
o As câmaras frigoríficas alimentadas por energia solar dão poder aos agricultores,
proporcionando-lhes um meio fiável de conservar os seus produtos.
o Contribui para os meios de subsistência rurais, o crescimento económico e a

segurança alimentar.

l. **Painéis solares: O coração das soluções de energia solar**:

o Os painéis solares são os principais componentes destes sistemas, captando a luz solar e convertendo-a em energia utilizável.

o A sua eficiência e durabilidade são cruciais para operações sustentadas de armazenamento a frio.

m. **Perspectivas futuras: Escalonamento de soluções solares para armazenagem frigorífica**:

o A expansão das instalações de armazenagem frigorífica alimentadas a energia solar em toda a Índia pode revolucionar o panorama agrícola.

o Garante a segurança alimentar, reduz o desperdício e cria um modelo sustentável de conservação de produtos perecíveis.

o Em conclusão, a armazenagem frigorífica alimentada a energia solar representa um farol de esperança para os agricultores e as comunidades indianas, colmatando o fosso entre a agricultura e as energias renováveis.

4. Unidades de agro-processamento alimentadas por energia solar:

-1- O agro-processamento envolve a conversão de produtos agrícolas brutos em bens de valor acrescentado (Greg Denn in The national, 2016)[58].

Figura 8: Unidade de moagem de arroz para agro-processamento alimentada por energia solar [58]

Fonte: https://www.thenational.com.pg/solar-used-agriculture/

-2- A energia solar pode alimentar unidades de transformação agrícola, como moinhos de farinha, máquinas de extração de óleo e fábricas de transformação de alimentos.

-3- Estas unidades aumentam a produtividade e contribuem para os meios de subsistência rurais.

-4- Se virmos o impacto das unidades de transformação agrícola alimentadas a energia solar na Índia, podemos dar exemplos de moinhos de arroz alimentados a energia solar:

-5- A moagem de arroz é uma indústria crítica de agro-processamento na Índia, com um volume de negócios superior a 25.500 milhões de euros por ano.

-6- Os moinhos de arroz movidos a energia solar oferecem uma solução inovadora para os pequenos agricultores e os agricultores marginais.

-7- Papel dos moinhos: A moagem de arroz desempenha um papel fundamental na transformação do arroz em casca.

-8- Desafios: Muitas vezes, os agricultores não conseguem obter preços justos para a sua produção devido ao valor acrescentado que ocorre durante a moagem, o polimento, a embalagem e a comercialização.

-9- Tecnologias actuais: As tecnologias tradicionais de moagem de arroz têm grandes capacidades de produção e elevadas necessidades energéticas.

-I- Solução em pequena escala: Moinhos de arroz movidos a energia solar atendem às comunidades locais, garantindo retornos mais justos para os agricultores.

5.   Estufas alimentadas por energia solar:

-1- Uma **estufa solar** é uma fusão inovadora entre a energia solar e a agricultura. Para o compreender melhor, comecemos pelo conceito de estufa tradicional. Uma estufa é uma estrutura de vidro utilizada para cultivar plantas em condições controladas, especialmente durante condições climatéricas extremas. Regula o seu clima interno através da captação da luz solar, evitando assim a necessidade de sistemas de aquecimento complexos e que consomem muita energia. Na sua essência, as estufas criam um ambiente adequado para o crescimento das plantas.

-2- Agora, imagine a integração de painéis solares nesta estufa. É exatamente isso que faz uma estufa de energia solar! Ao aproveitar a luz solar e transformá-la em calor, estas estufas proporcionam um ambiente ideal para o crescimento das plantas, mesmo em condições climatéricas desfavoráveis. Embora todas as estufas beneficiem da luz solar para a fotossíntese, as estufas solares vão um pouco mais longe, alterando ativamente a luz ou incorporando painéis solares para melhorar o processo.

-1- **Qual é a diferença entre as estufas solares?**

-2- O termo "estufa solar" refere-se normalmente a uma **estufa de energia solar passiva**. Eis as principais diferenças entre as estufas solares e as estufas convencionais:

-3- **Mecanismo de aquecimento:**

-4- As estufas tradicionais dependem de propano, gás ou eletricidade para o aquecimento durante as noites frias ou os Invernos.

-5- Em contrapartida, as estufas de energia solar passiva utilizam diretamente a luz solar, eliminando a necessidade de aquecedores externos.

-6- **Fonte de energia:**

-7- As estufas solares dependem de elementos naturais e do próprio sol, em vez de métodos de aquecimento artificiais.

-8- Podem mesmo gerar eletricidade para aparelhos como ventoinhas, se o interior ficar demasiado quente.

Figura 9: Estufas alimentadas por energia solar [59]

Fonte: https://interestingengineering.com/innovation/transparent-solar- panels-on-greenhouses

-1- **Orientação**:

-2- As estufas solares maximizam a exposição solar através de grandes janelas viradas para sul.

-3- O lado norte apresenta frequentemente blocos de pedra preta que absorvem e retêm a luz solar.

-4- **Vantagens das estufas solares:**

-5- **Eficiência energética**: As estufas solares são económicas e eficientes, reduzindo a dependência de combustíveis fósseis.

-6- **Cultivo durante todo o ano**: Permitem o cultivo de vegetais durante todo o ano, mesmo em climas rigorosos.

-7- **Conservação da água**: Algumas estufas solares incorporam sistemas de irrigação por gotejamento, utilizando até 90% menos água do que os métodos tradicionais.

-8- **Redução das emissões de carbono**: Ao aproveitar a energia solar, estas estufas contribuem para um ambiente mais verde.

-9- Na Índia, os investigadores desenvolveram estufas solares inovadoras, como a estufa Ladakhi, que permite aos agricultores cultivar legumes durante todo o ano. Estas estruturas são um testemunho do poder da fusão da energia sustentável com a agricultura.

-1- As estufas prolongam o período de crescimento, criando um ambiente controlado para as culturas.

-2- Os painéis solares nos telhados das estufas geram eletricidade, que pode ser utilizada para iluminação, ventilação e irrigação.

-3- Esta sinergia entre a energia solar e a agricultura aumenta o rendimento e a qualidade das colheitas.

6. Explorações pecuárias alimentadas por energia solar:

-1- A energia solar tornou-se um aspeto cada vez mais importante da modernização e da sustentabilidade da pecuária na Índia. Vamos analisar os benefícios e as aplicações práticas da energia solar neste contexto:

-2- Redução da dependência das fontes de energia tradicionais:

-3- Ao instalar painéis solares, os agricultores podem gerar a sua própria eletricidade, reduzindo a dependência da rede eléctrica. Esta independência traz várias vantagens:

-4- Diminuição das facturas de eletricidade: Os painéis solares convertem a luz solar em eletricidade, alimentando as operações essenciais da quinta, como a iluminação, a ventilação e as bombas de água. Isto reduz significativamente as despesas mensais de energia.

-5- Custos operacionais mais baixos: A energia solar não só reduz as facturas de eletricidade, como também conduz a custos operacionais mais baixos a longo prazo para os criadores de gado1.

-6- Eficiência operacional melhorada:

-7- Os painéis solares podem alimentar diretamente operações agrícolas críticas, assegurando um ambiente estável para o gado. Por exemplo:

-I- Ao aproveitarem a energia solar, os agricultores contribuem para um futuro mais verde, assegurando simultaneamente o bem-estar dos seus animais.

Figura 10: Operações pecuárias alimentadas por energia solar [60]
Fonte: https://efsenergy.com/solar-farming-6-key-ways-solar-can-help-a vossa quinta/#prettyPhoto/0/

-8- Bombagem de água: As bombas de água alimentadas por energia solar proporcionam um abastecimento de água fiável aos animais.

-9- Iluminação: Os sistemas de iluminação alimentados por energia solar melhoram a visibilidade e a segurança.

-10- Ventilação: Sistemas de ventilação adequados mantêm um ambiente confortável para o gado.

-11- Gestão ambiental:

A adoção da tecnologia solar está em sintonia com a sustentabilidade ambiental. Minimiza a pegada de carbono e promove práticas ecológicas na agricultura.

Soluções inovadoras na Índia:

-12- Unidades Verticais de Cultivo de Forragem: Estas unidades utilizam a energia solar para cultivar forragens verdes de fácil digestão, sem pesticidas e com elevado teor de proteínas para o gado. Asseguram a disponibilidade de alimentos durante todo o ano, beneficiando tanto os criadores de animais como o ambiente.

-13- Agricultura vertical com controlo microclimático: Um sistema de baixo custo que ajuda os produtores de leite a cultivar forragens nutritivas, garantindo simultaneamente a eficiência energética e a sustentabilidade.

-14- Sistemas de bombagem de água alimentados por energia solar: Estes sistemas fornecem um abastecimento de água fiável para o gado, reduzindo a dependência da eletricidade da rede. A energia solar pode ser aproveitada para explorações avícolas, leiteiras e aquacultura. As bombas de água, a iluminação e os sistemas de ventilação alimentados por energia solar melhoram o bem-estar e a produtividade dos animais.

-15- Em resumo, a energia solar oferece uma solução sustentável e económica para a criação de gado na Índia, beneficiando tanto os agricultores como o ambiente.

7. Micro-redes solares de base comunitária:

-1- No atual panorama energético dinâmico, a profunda resiliência oferecida pela energia de reserva perpétua alimentada por fontes renováveis nas microrredes comunitárias é universalmente reconhecida pelo seu contributo inestimável.

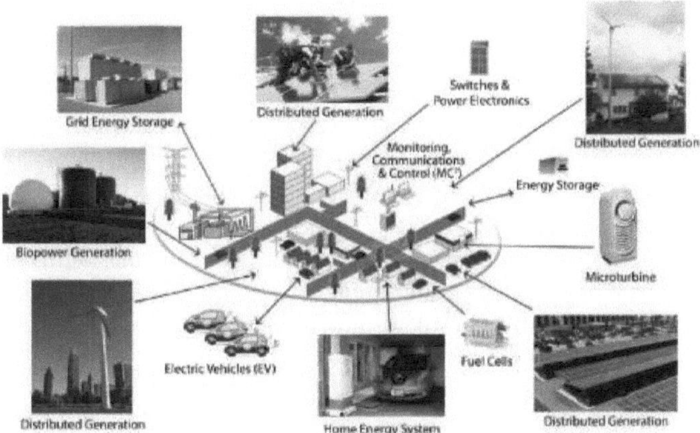

Figura 11: Microrredes solares de base comunitária

Fonte: https://clean-coalition.org/community-microgrids/

-1- No contexto da Índia, é amplamente reconhecido que a fiabilidade duradoura dos sistemas de reserva apoiados em energias renováveis nas microrredes comunitárias

21

tem um valor imenso para garantir a resiliência do fornecimento de energia.

-2- O Solar Agri-Entrepreneurship é uma abordagem inovadora que integra infra-estruturas de energia solar com espaços agrícolas na Índia. Permitam-me que partilhe algumas ideias sobre esta área tão interessante:

1

-1- *Aliança Agrivoltaica da Índia (IAA):*

-2- A Aliança Agrivoltaica da Índia (IAA) é uma iniciativa de colaboração centrada na promoção e normalização das práticas agrivoltaicas em toda a Índia.

-3- Uma microrrede solar comunitária é um sistema energético de pequena escala concebido para fornecer energia fiável e limpa a instalações e bens comunitários vitais numa área definida [2].

-4- Estas microrredes incorporam normalmente painéis solares fotovoltaicos (PV), sistemas de armazenamento de energia (como baterias) e controlos inteligentes.

-5- As microrredes solares comunitárias são uma solução interessante e sustentável para as necessidades energéticas locais. Em zonas remotas, as microrredes comunitárias alimentadas por painéis solares fornecem eletricidade tanto às famílias como às actividades agrícolas.

-6- Estas microrredes promovem o desenvolvimento económico e capacitam as comunidades locais.

-7- reúne diversas partes interessadas, incluindo organismos governamentais, promotores de projectos de energia solar, agricultores e instituições financeiras.

-8- A IAA visa acelerar a adoção da agro-voltagem através da harmonização de esforços, da partilha de conhecimentos e da defesa de políticas que integrem a energia solar e a agricultura.

-9- A sua visão é cultivar um futuro mais brilhante e sustentável para a Índia através da integração solar-agrícola1.

-10- *Objectivos da IAA:*

-11- Criar uma plataforma multi-setorial para coordenar esforços e canalizar as práticas agro-voltaicas em toda a Índia.

-12- Conceber recomendações políticas que incluam contributos de todas as partes interessadas relevantes para criar um quadro abrangente para a agro-voltagem na Índia.

-13- Benefícios da agro-voltagem:

-14- Geração de energia: Ao colocar painéis solares em terrenos agrícolas, a Índia pode gerar energia limpa onde ela é consumida.

-15- Redução de custos: A agro-voltagem pode reduzir os custos operacionais para os agricultores.

-16- Produção alimentar sustentável: Contribui para erradicar a fome e melhorar a nutrição, garantindo a segurança alimentar.

-17- Energia limpa e acessível: A integração da energia solar na agricultura aumenta a acessibilidade e a sustentabilidade das fontes de energia.

-18- Desafios e oportunidades:

-19- Embora o conceito seja prometedor, a exploração plena da agrovoltagem na

Índia ainda está por concretizar.

-20- A Índia tem potencial para liderar a adoção da agro-voltagem, fornecendo modelos para outros países em desenvolvimento.

-21- A co-localização de painéis solares em culturas comerciais pode ser uma solução viável, mas é necessária mais investigação e aplicação4.

-22- Em resumo, o empreendedorismo agrícola solar é muito promissor para os sectores energético e agrícola da Índia. Ao combinar a energia solar com as práticas agrícolas, podemos criar um futuro sustentável e inclusivo.

Caraterísticas principais:

-23- **Geração de energia local:** As microrredes solares comunitárias geram eletricidade localmente, reduzindo a dependência de redes de energia centralizadas.

-24- **Resiliência:** Ao funcionarem de forma independente ou em conjunto com a rede principal, estas microrredes aumentam a resiliência energética durante interrupções ou emergências.

-25- **Energia limpa:** A energia solar é renovável e amiga do ambiente, contribuindo para a redução das emissões de gases com efeito de estufa.

-26- **Apropriação pela comunidade:** Os residentes e as organizações locais participam frequentemente no desenvolvimento e gestão destas microrredes.

-27- Benefícios:

-1- **Independência energética:** microrredes solares comunitárias dão poder as comunidades produzam a sua própria energia, reduzindo a dependência de fontes externas.

-2- **Fiabilidade:** Durante falhas na rede, as microrredes podem continuar a fornecer energia a instalações críticas como hospitais, escolas e serviços de emergência.

-3- **Poupança de custos:** Ao aproveitar a energia solar, as comunidades podem reduzir os custos de eletricidade ao longo do tempo.

-4- **Impacto ambiental:** As microrredes solares contribuem para um ar mais limpo e um ambiente mais saudável.

-5- **Criação de emprego:** A instalação, manutenção e operação de microrredes criam oportunidades de emprego local

8. Solar Agri-Entrepreneurship:

-1- A convergência da agricultura e da energia solar cria oportunidades para os agro-empresários.

-2- Os indivíduos podem criar empresas alimentadas a energia solar relacionadas com a irrigação, secagem, processamento e muito mais.

-3- Em resumo, o Cenário de Sinergia Agro-Solar contribui para o desenvolvimento sustentável, reforçando a segurança alimentar, reduzindo os resíduos e promovendo a energia limpa.

Para além do horizonte

-4- Os projectos agro-solares abrangem uma gama diversificada: desde a apicultura e o pastoreio de gado até aos lagos de aquacultura e à produção alimentar. A energia solar alimenta unidades de refrigeração, sistemas de irrigação e ambientes controlados em estufas. Trata-se de uma abordagem holística que beneficia tanto a comunidade local como o planeta.

-5- Assim, ao mergulharmos nos capítulos que se seguem, vamos explorar a forma como os raios solares estão não só a nutrir as nossas culturas, mas também a iluminar um futuro sustentável para os agricultores de todo o mundo

-6- Neste capítulo introdutório, explorámos a sinergia transformadora entre a energia solar e a agricultura. Ao incorporar a energia solar nas práticas agrícolas, abrimos caminho para o desenvolvimento sustentável e a conservação do ambiente. Ao explorar várias formas de aproveitar a tecnologia solar nos processos de secagem agrícola, lançámos as bases para os pormenores técnicos que serão discutidos nos capítulos seguintes.

-7- Ao longo deste livro, iremos aprofundar os aspectos técnicos dos secadores agro-solares, desvendando os meandros do aproveitamento da energia solar para otimizar os processos de secagem. Junte-se a nós no próximo capítulo para explorarmos a implementação prática da tecnologia de secagem solar e desvendarmos o potencial da inovação solar na revolução das práticas agrícolas.

Capítulo 2

Tipos de secadores solares para produtos agrícolas

A secagem solar surgiu como uma solução sustentável para a preservação de produtos agrícolas, atenuando as perdas pós-colheita e melhorando a segurança alimentar. Vários tipos de secadores solares oferecem flexibilidade e eficiência na secagem de uma vasta gama de produtos agrícolas. De seguida, exploramos alguns tipos proeminentes, juntamente com as suas principais caraterísticas e vantagens:

1. **Secadores solares diretos:**

-1- Estes secadores são muitas vezes feitos de materiais leves como a madeira, o plástico ou o metal. São constituídos por uma câmara de secagem com tabuleiros ou prateleiras para guardar os produtos, uma cobertura transparente para permitir a entrada de luz solar enquanto retém o calor e aberturas para controlar o fluxo de ar.

Funcionamento: Os produtos a secar são espalhados nos tabuleiros no interior da câmara de secagem. A cobertura transparente permite a entrada de luz solar, aquecendo o ar no interior. À medida que o ar aquece, absorve a humidade do produto, secando-o eficazmente.

Fluxo de ar: Um fluxo de ar adequado é essencial para uma secagem eficiente. Os orifícios de ventilação ou as aberturas ajustáveis na máquina de secar permitem a saída do ar húmido, evitando a condensação e o crescimento de bolor, ao mesmo tempo que mantêm um fluxo constante de ar fresco e seco sobre os produtos.

Controlo da temperatura: Os secadores solares diretos dependem da temperatura ambiente e da luz solar para a secagem. Embora não possam controlar a temperatura com tanta precisão como os secadores indirectos, factores como o ângulo do secador em relação ao sol, a transparência da cobertura e os ajustes do fluxo de ar podem influenciar as temperaturas de secagem

As vantagens dos secadores solares diretos incluem a simplicidade, o baixo custo e a dependência de energia renovável. No entanto, dependem muito das condições meteorológicas e podem não ser adequados para a secagem durante períodos de pouca luz solar ou de humidade elevada.

Em resumo, os secadores solares diretos oferecem uma solução simples e sustentável para a secagem de produtos agrícolas utilizando a energia solar, o que os torna particularmente valiosos em regiões com luz solar abundante e acesso limitado à eletricidade ou a combustíveis fósseis

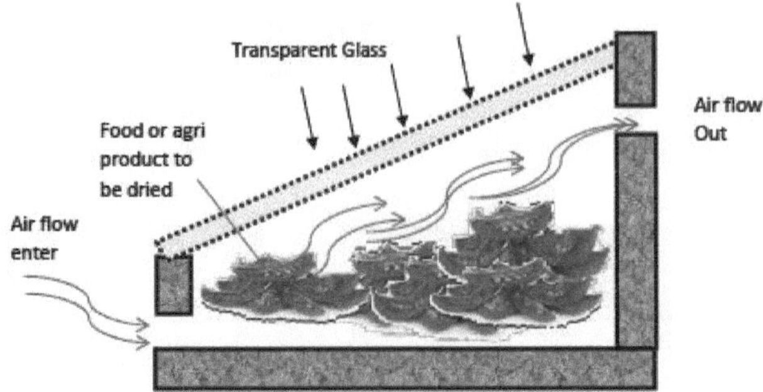

Figura 12: Secador solar direto

Fonte: https://sinovoltaics.com/learning-center/technologies/solar-dryer/

Pontos-chave:

-2- Utilizar a exposição direta à luz solar para secar os produtos agrícolas.

-3- A conceção mais simples, composta por tabuleiros ou prateleiras expostos à luz solar.

-4- Adequado para produtos com baixo teor de humidade, como grãos, sementes e ervas.

-5- Necessita de muita luz solar para uma secagem eficaz.

2. **Secadores solares indirectos:**

-1- Os secadores solares indirectos são uma versão mais sofisticada dos secadores solares do que os diretos. Utilizam um coletor solar separado para aquecer o ar ou outro meio antes de o encaminhar para a câmara de secagem. Eis como funcionam normalmente:

-2- *Coletor solar:* Os secadores solares indirectos têm um coletor solar separado da câmara de secagem. Este coletor absorve a luz solar e converte-a em energia térmica. Pode ser um coletor de placa plana, um coletor de tubo evacuado ou outro tipo de coletor solar térmico.

-1- *Meio de transferência de calor:* O coletor solar aquece um meio, frequentemente ar ou um líquido como água ou óleo. Este meio transporta a energia térmica do coletor para a câmara de secagem.

-2- *Câmara de secagem:* A câmara de secagem é o local onde os produtos são colocados para secagem. Ao contrário dos secadores solares diretos, a câmara de secagem nos secadores indirectos não está diretamente exposta à luz solar. Em vez disso, recebe ar aquecido ou outro meio do coletor solar.

-3- *Fluxo de ar:* Tal como os secadores solares diretos, os secadores solares indirectos requerem um fluxo de ar adequado para uma secagem eficiente. São frequentemente utilizados sistemas de ventilação ou ventoinhas para assegurar a circulação adequada do ar na câmara de secagem.

-4- *Controlo da temperatura:* Os secadores solares indirectos oferecem um melhor controlo das temperaturas de secagem em comparação com os secadores diretos. A temperatura do meio de transferência de calor pode ser regulada através do ajuste do caudal ou da utilização de mecanismos de controlo da temperatura, permitindo um controlo mais preciso do processo de secagem.

-5- *Controlo da humidade:* Alguns secadores solares indirectos incorporam caraterísticas para controlar os níveis de humidade dentro da câmara de secagem, tais como dessecantes ou armadilhas de condensação, que ajudam a evitar que a humidade seja reabsorvida pelos produtos.

-6- As vantagens dos secadores solares indirectos incluem um melhor controlo das condições de secagem, o que pode resultar em produtos secos de maior qualidade, menor risco de contaminação e a capacidade de funcionar mesmo em dias nublados ou encobertos. No entanto, a sua construção e manutenção são mais complexas e dispendiosas em comparação com os secadores solares diretos.

-7- Em geral, os secadores solares indirectos oferecem uma solução mais avançada e versátil para aplicações de secagem solar, particularmente quando é necessário um controlo preciso das condições de secagem ou quando a secagem tem de ocorrer em condições meteorológicas menos favoráveis.

Pontos-chave:

-8- Utilizar um coletor para captar a energia solar, que é depois transferida para a câmara de secagem.

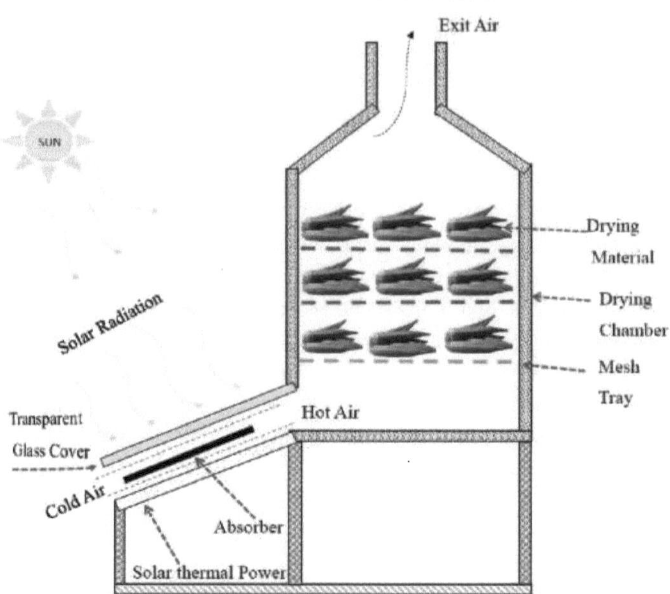

Figura 13: Secador solar indireto [15-16] Fonte: DOI: 10.1016/j.rser.2021.112070

-1- Protege os produtos da exposição direta à luz solar, reduzindo o risco de degradação da qualidade.

-2- Adequado para culturas delicadas ou de elevado valor, como frutas, legumes e flores.

-3- Oferece um melhor controlo das condições de secagem, incluindo a temperatura e o fluxo de ar.

3. **Secadores solares de modo misto:**

-1- Os secadores solares de modo misto combinam os princípios da secagem solar direta e indireta para maximizar a eficiência e a flexibilidade na secagem de produtos agrícolas. Oferecem uma abordagem híbrida que incorpora caraterísticas dos secadores solares diretos e indirectos. Eis como funcionam normalmente:

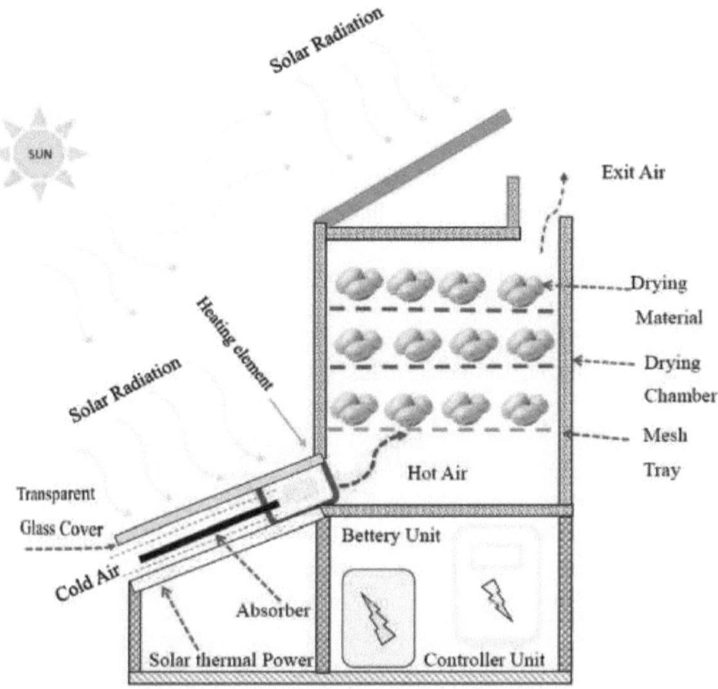

Figura 14: Secador solar de modo misto [15-16]
Fonte: DOI: 10.5772/intechopen.112945

-2- **Design híbrido**: Os secadores solares de modo misto apresentam uma conceção que permite tanto a exposição direta à luz solar como o aquecimento indireto utilizando um coletor solar separado. Podem ter uma câmara de secagem exposta à luz solar, semelhante aos secadores solares diretos, juntamente com disposições para aquecimento indireto quando necessário.

-3- **Exposição direta**: Tal como os secadores solares diretos, os secadores de modo misto utilizam a exposição direta à luz solar para fornecer calor para a secagem. Esta exposição direta acelera o processo de secagem, especialmente durante períodos de luz solar intensa.

-4- **Aquecimento indireto**: Para além da exposição direta, os secadores de modo misto incorporam um coletor solar para aquecer o ar ou outro meio para aquecimento indireto. Isto permite condições de secagem mais consistentes e controláveis, mesmo durante períodos de pouca luz solar ou durante a noite.

-5- **Controlo da temperatura e da humidade**: Os secadores solares de modo misto incluem frequentemente caraterísticas para o controlo da temperatura e da humidade dentro da câmara de secagem. Podem utilizar sistemas de ventilação, ventoinhas ou aberturas ajustáveis para regular o fluxo de ar e a temperatura, bem como dessecantes ou armadilhas de condensação para controlar os níveis de humidade.

-6- **Flexibilidade**: Uma das principais vantagens dos secadores solares de modo misto é a sua flexibilidade. Podem funcionar em modo direto durante os períodos de sol para uma secagem mais rápida, e mudar para o modo indireto quando a luz solar é insuficiente ou quando é necessário um controlo mais preciso das condições de secagem.

-7- **Eficiência**: Ao combinar métodos de aquecimento direto e indireto, os secadores solares de modo misto podem alcançar uma maior eficiência global em comparação com os secadores diretos ou indirectos isoladamente. Fazem uma utilização óptima da luz solar disponível, proporcionando um maior controlo sobre as condições de secagem.

-8- Os secadores solares de modo misto são particularmente adequados para regiões com condições climáticas variáveis ou luz solar limitada, uma vez que se podem adaptar a diferentes factores ambientais para manter operações de secagem eficientes. Oferecem uma solução versátil para secar uma vasta gama de produtos agrícolas, maximizando a eficiência energética e a qualidade do produto

-9- Combinar elementos dos métodos de secagem solar direta e indireta.

-10- Melhorar a eficiência da secagem utilizando a energia solar juntamente com fontes de calor suplementares (por exemplo, biomassa, eletricidade).

-11- Ideal para regiões com luz solar inconsistente ou condições climatéricas flutuantes.

-12- Proporcionam versatilidade na secagem de uma vasta gama de produtos agrícolas.

4. **Secadores solares para estufas:**

-1- Os secadores solares de estufa são um tipo de secador solar que utiliza os princípios da tecnologia de estufa para criar um ambiente controlado para a secagem de produtos agrícolas. Eis como funcionam normalmente:

-1- **Estrutura**: Os secadores solares para estufas consistem num invólucro transparente, semelhante a uma estufa tradicional, feito de materiais como o vidro ou o plástico transparente. Este invólucro permite a entrada de luz solar enquanto retém o calor no interior, criando um ambiente quente e húmido ideal para a secagem.

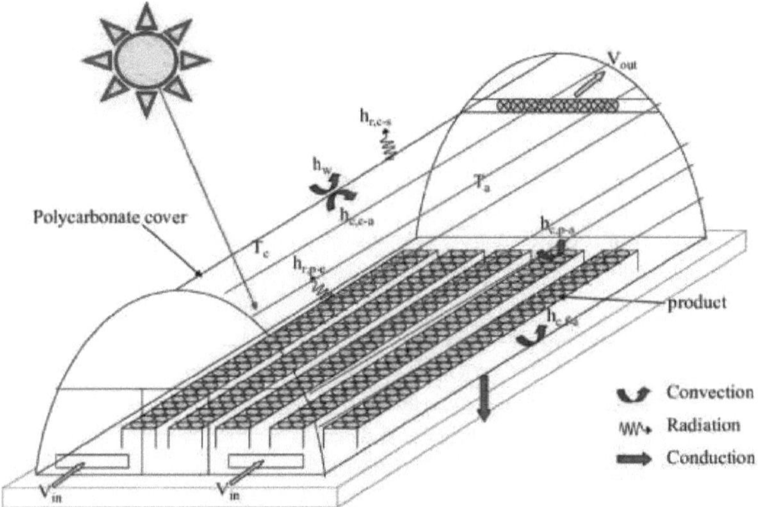

Figura 15: Secador solar de estufa [17]
Fonte: Janjai, S., Revista Internacional de Energia e Ambiente, 3(3), 383
398.

-2- **Aquecimento solar**: A estrutura da estufa aproveita a energia solar para aquecer o ar e as superfícies no interior. A luz solar passa através das paredes transparentes e do teto, aquecendo o ar e as superfícies no interior do recinto. Este aquecimento solar acelera o processo de secagem, aumentando a temperatura no interior do secador.

-3- **Ventilação natural**: Os secadores solares com efeito de estufa incorporam frequentemente sistemas de ventilação para regular o fluxo de ar e os níveis de humidade no interior do recinto. As aberturas ou aberturas ajustáveis permitem a troca de ar, evitando o sobreaquecimento e a acumulação de humidade, mantendo as condições de secagem ideais.

-4- **Tabuleiros ou prateleiras empilhados**: Os produtos agrícolas a secar são normalmente dispostos em tabuleiros ou prateleiras empilhadas no interior da estufa. Estes tabuleiros permitem um fluxo de ar eficiente à volta dos produtos, promovendo uma secagem uniforme.

-5- **Ambiente controlado**: Ao contrário dos métodos tradicionais de secagem ao ar livre, os secadores solares de estufa proporcionam um ambiente controlado para a secagem. Este controlo ajuda a proteger os produtos de contaminação, pragas e condições climatéricas adversas, resultando em produtos secos de maior qualidade.

-6- **Isolamento**: Alguns secadores solares de estufa podem incorporar materiais de isolamento para melhorar a retenção de calor e a eficiência energética, particularmente durante os períodos mais frios ou à noite.

-7- As vantagens dos secadores solares de estufa incluem:

-8- **Maior eficiência**: A conceção da estufa capta a energia solar, criando um ambiente quente e húmido ideal para a secagem, o que pode reduzir significativamente os tempos de secagem.

-9- **Condições de secagem consistentes**: O ambiente controlado no interior da estufa assegura condições de secagem mais consistentes, resultando em produtos secos de maior qualidade.

-10- **Proteção contra factores externos**: O invólucro protege os produtos secos do pó, insectos, aves e outros contaminantes externos, melhorando a segurança e a higiene dos alimentos.

-11- **Funcionamento durante todo o ano**: Os secadores solares para estufas podem funcionar durante todo o ano, o que os torna adequados para regiões com condições climatéricas variáveis ou luz solar limitada.

-12- Em geral, os secadores solares de estufa oferecem um método eficiente e controlado para secar produtos agrícolas utilizando a energia solar. Constituem uma solução viável para os pequenos agricultores e transformadores de alimentos que procuram melhorar a qualidade e a eficiência das suas operações de secagem

-13- Integrar a secagem solar com estruturas de estufa para criar um ambiente controlado.

-14- Oferecem proteção contra condições climáticas adversas e pragas.

-15- Permitir a secagem de produtos durante todo o ano, prolongando as épocas de colheita.

-I- Utilizado normalmente para secar frutas, legumes e ervas aromáticas.

5. Secadores de túnel solares:

Os secadores solares de túnel são um tipo de secador solar que utiliza uma estrutura em forma de túnel para captar e utilizar a energia solar para secar produtos agrícolas. Eis como funcionam normalmente:

1. **Estrutura**: Os secadores solares em túnel consistem num invólucro longo e estreito em forma de túnel, feito de materiais como plástico, vidro ou policarbonato. O túnel é orientado na direção este-oeste para maximizar a exposição à luz solar ao longo do dia.

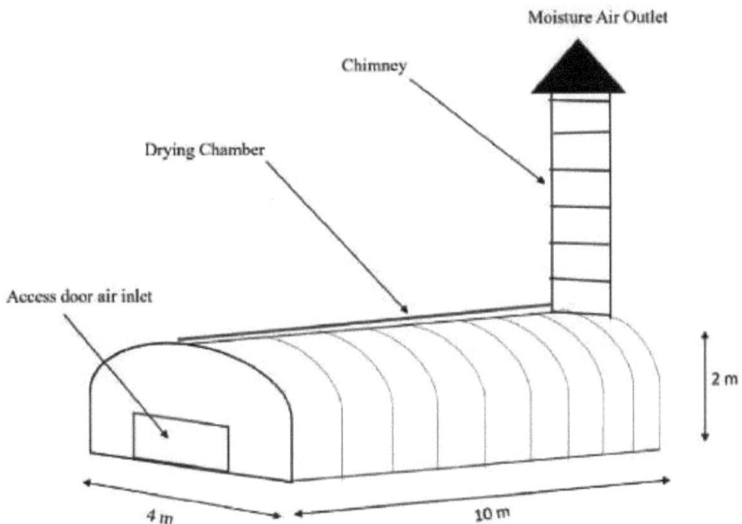

Figura 16: Secador solar de túnel [44]
Fonte: Chavan, A , & Thorat, B. Drying Technology, 40(10), 2105-2115.

2. **Cobertura transparente**: A parte superior do túnel é coberta com um material transparente, como folhas de polietileno ou policarbonato, que permite a entrada de luz solar enquanto retém o calor no interior do compartimento.

3. **Circulação de ar**: Os secadores solares para túneis são concebidos para promover a convecção natural e o fluxo de ar no interior do túnel. O ar quente sobe naturalmente, criando um fluxo de ar suave que passa sobre os produtos agrícolas colocados no interior do túnel.

4. **Absorção e aquecimento**: Os produtos agrícolas a secar são normalmente colocados em tabuleiros ou prateleiras no interior do túnel. A luz solar que entra através da cobertura transparente aquece o ar e as superfícies no interior do túnel, provocando a evaporação da humidade dos produtos.

5. **Ventilação**: Os secadores de túneis solares podem incorporar sistemas de ventilação ou aberturas ajustáveis para regular o fluxo de ar e os níveis de humidade no interior do túnel. A ventilação adequada ajuda a evitar o sobreaquecimento e a acumulação de humidade, mantendo as condições de secagem ideais.

6. **Controlo da temperatura**: Embora os secadores de túneis solares dependam do aquecimento solar natural, alguns modelos podem incluir caraterísticas para regular a temperatura, tais como materiais de isolamento ou aberturas de ventilação ajustáveis, para evitar o sobreaquecimento durante períodos de luz solar intensa.

-1- **Vantagens dos secadores solares de túnel:** Os secadores solares de túnel são uma abordagem inovadora para a secagem de produtos agrícolas utilizando a energia do sol. Eis um resumo das suas vantagens:

-2- **Elevada eficiência**: O design em forma de túnel maximiza a exposição à luz solar e promove a convecção natural, resultando numa secagem eficiente dos produtos agrícolas.

-3- **Secagem uniforme**: O fluxo de ar suave no interior do túnel assegura uma secagem uniforme dos produtos, resultando numa qualidade consistente e em tempos de secagem reduzidos.

x **Proteção contra factores externos**: A estrutura fechada do túnel protege os produtos de secagem do pó, insectos, aves e outros contaminantes externos, melhorando a segurança e higiene alimentar.

-4- **Versatilidade**: Os secadores de túnel solar podem ser utilizados para secar uma vasta gama de produtos agrícolas, incluindo cereais, frutas, legumes, ervas aromáticas e especiarias.

-5- **Praticidade**: São concebidos para operações de pequena escala, tornando-os acessíveis a agricultores e transformadores de alimentos que podem não ter os recursos para sistemas de secagem maiores e mais dispendiosos.

-6- **Eficiência**: Ao aproveitar a energia solar, que é gratuita e abundante, estes secadores funcionam a baixo custo e com um impacto ambiental mínimo.

-7- **Ambiente controlado**: A estrutura em forma de túnel cria um ambiente consistente que facilita uma secagem uniforme. Isto é crucial para manter a qualidade dos produtos, uma vez que uma secagem irregular pode levar à deterioração.

-8- **Proteção contra contaminantes**: O design fechado impede a entrada de pó, insectos e outros poluentes, assegurando que os produtos permanecem limpos e seguros para consumo.

-9- Essencialmente, os secadores de túnel solar são uma escolha inteligente para quem procura melhorar os seus processos de secagem de uma forma sustentável e económica. Incorporam uma sinergia de técnicas de secagem tradicionais com tecnologia moderna e amiga do ambiente.

Em geral, os secadores solares de túnel oferecem uma solução prática e eficiente para pequenos agricultores e transformadores de alimentos que procuram aproveitar a energia solar para secar produtos agrícolas. Proporcionam um ambiente controlado que promove uma secagem eficiente e uniforme, ao mesmo tempo que protegem os produtos de contaminantes externos

-10- Apresentam um design de túnel longo e estreito para maximizar a absorção da energia solar.

-11- Facilitam um fluxo de ar eficiente para uma secagem uniforme dos produtos agrícolas.

-12- Adequado para a secagem a granel de cereais, frutos secos e sementes.

-13- O design escalável permite uma expansão fácil com base nos requisitos de secagem.

6. **Secadores solares híbridos:**

1. Os secadores solares híbridos combinam a energia solar com outras fontes de energia ou métodos de secagem para aumentar a eficiência, flexibilidade e fiabilidade

na secagem de produtos agrícolas. Eis como funcionam normalmente:

2. **Componente solar**: Tal como outros secadores solares, os secadores solares híbridos utilizam a energia solar como fonte primária de calor para a secagem. Muitas vezes, possuem colectores solares, coberturas transparentes ou outras tecnologias solares térmicas para captar e utilizar a luz solar para aquecimento.

3. **Fonte de calor suplementar**: Para além da energia solar, os secadores solares híbridos incorporam fontes de calor suplementares para fornecer aquecimento adicional quando a luz solar é insuficiente ou durante períodos de baixa radiação solar. As fontes de calor suplementares comuns incluem aquecedores eléctricos, queimadores de biomassa ou queimadores de gás.

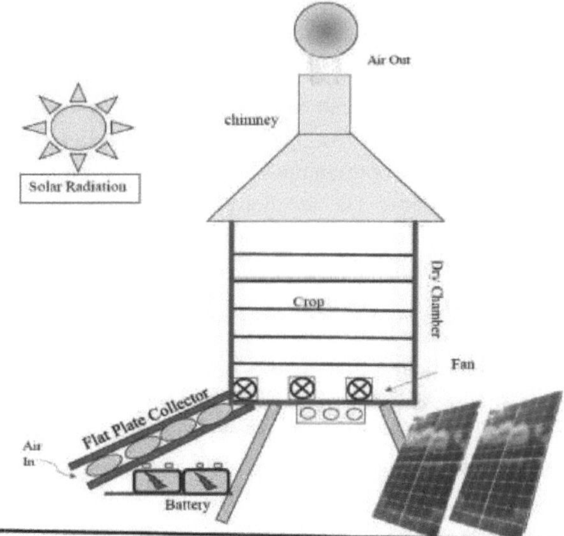

Figura 17: Secadores solares híbridos
Fonte: https://www.mdpi.com/2673-9941/4/1/2

4. **Sistemas de energia de reserva**: Os secadores solares híbridos podem incluir sistemas de energia de reserva, tais como baterias ou ligações à rede, para assegurar um funcionamento contínuo mesmo durante períodos prolongados de pouca luz solar ou durante a noite. Estes sistemas de reserva podem fornecer energia a ventiladores, sopradores ou outros componentes para manter as condições de secagem.

5. **Sistemas de controlo**: Os secadores solares híbridos incorporam frequentemente sistemas de controlo para otimizar a utilização das fontes de energia disponíveis e manter as condições de secagem ideais. Estes sistemas de controlo podem incluir sensores para monitorizar a temperatura, a humidade e a radiação solar, bem como actuadores para ajustar o fluxo de ar, a temperatura e outros parâmetros, conforme necessário.

6. **Integração de tecnologias de secagem**: Os secadores solares híbridos podem integrar várias tecnologias de secagem para aumentar a eficiência e a versatilidade. Por

exemplo, podem combinar a secagem solar com a secagem por bomba de calor, a secagem por micro-ondas ou a desumidificação por dessecante para obter tempos de secagem mais rápidos ou produtos secos de melhor qualidade.

7. **Adaptabilidade às condições ambientais**: Os secadores solares híbridos são concebidos para se adaptarem a condições ambientais variáveis, tais como alterações nos padrões climatéricos, variações sazonais ou flutuações na radiação solar. Podem alternar entre diferentes fontes de energia ou métodos de secagem, conforme necessário, para manter operações de secagem eficientes.

As vantagens dos secadores solares híbridos incluem:

• **Aumento da eficiência**: Ao combinar a energia solar com fontes de calor suplementares ou sistemas de energia de reserva, os secadores solares híbridos podem alcançar uma maior eficiência global em comparação com os secadores solares convencionais.

• **Fiabilidade melhorada**: A integração de múltiplas fontes de energia ou tecnologias de secagem melhora a fiabilidade e a resistência dos secadores solares híbridos, assegurando um funcionamento contínuo mesmo em condições ambientais difíceis.

• **Flexibilidade e versatilidade**: Os secadores solares híbridos oferecem maior flexibilidade e versatilidade, permitindo aos utilizadores adaptarem-se a diferentes requisitos de secagem, disponibilidade de energia e factores ambientais.

• **Melhoria da qualidade do produto**: As condições de secagem controladas proporcionadas pelos secadores solares híbridos podem resultar em produtos secos de maior qualidade, com melhor cor, sabor, textura e conteúdo nutricional.

-Combinar a energia solar com outras fontes de energia renováveis ou convencionais. Garantir um desempenho de secagem consistente, independentemente das condições climatéricas. Melhorar a eficiência energética e reduzir a dependência de combustíveis fósseis. Configurações personalizáveis para satisfazer necessidades de secagem específicas.

Os secadores solares diretos são dispositivos simples concebidos para aproveitar a energia solar para secar produtos agrícolas, cereais, frutas, legumes, ervas aromáticas e até peixe ou carne. Ao contrário dos secadores solares indirectos, que utilizam um coletor solar separado para aquecer o ar ou outro meio antes de o encaminhar para a câmara de secagem, os secadores solares diretos expõem o produto diretamente à luz solar.

Capítulo 3

Dados experimentais sobre secadores solares

Com base nos capítulos anteriores, podemos dizer que, na procura de práticas agrícolas sustentáveis, a utilização da energia solar surgiu como uma via promissora para aumentar a segurança alimentar e reduzir as perdas pós-colheita. Na procura de técnicas agrícolas amigas do ambiente, a adoção da energia solar representa um avanço crucial. Esta revolução verde está a redefinir as metodologias agrícolas, colocando a tecnologia solar na vanguarda do desenvolvimento sustentável.

Este capítulo será um testemunho da abordagem empírica adoptada no aproveitamento da generosidade do sol. Reúne e analisa meticulosamente os dados de uma miríade de experiências com secadores solares, oferecendo uma visão abrangente da sua eficiência, variações de conceção e aplicabilidade no mundo real. Através de testes rigorosos e documentação metódica, fornece informações valiosas para agricultores, engenheiros e ambientalistas, que procuram otimizar os processos de secagem, minimizando as pegadas de carbono.

Este volume embarca numa expedição esclarecedora para transmitir uma compreensão holística das tecnologias de secagem solar na esfera agrícola. Estamos empenhados em recolher e analisar meticulosamente os dados para revelar as capacidades, os constrangimentos e as diversas utilizações dos secadores solares. Este esforço tem como objetivo promover a progressão de técnicas de preservação de alimentos amigas do ambiente. Abrangendo desde avaliações de campo no local até testes laboratoriais precisos, os conjuntos de dados apresentados neste capítulo são selecionados para fornecerem informações essenciais que são fundamentais para apreciar o papel dos secadores solares na redução da deterioração pós-colheita e no aumento da sustentabilidade económica das comunidades agrícolas. Convidamo-lo a mergulhar nas provas empíricas que sustentam a secagem solar e a descobrir as nuances da utilização da energia solar para elevar as metodologias agrícolas em todo o mundo.

Obras históricas:

A crónica dos secadores de colheitas movidos a energia solar estende-se por várias gerações, mostrando o engenho dos humanos na utilização dos raios solares para a preservação dos alimentos e o avanço da agricultura. Embora o design contemporâneo dos secadores solares tenha tomado forma nos anos 1900, a essência destas práticas remonta às sociedades primitivas que utilizavam o calor natural do sol para desidratar e armazenar artigos perecíveis como frutas, legumes, cereais e plantas medicinais.

Os anais da história da agricultura são ricos em exemplos de sociedades primitivas como os egípcios, os gregos e os romanos, que exploravam habilmente a generosa luz solar das suas terras para dessecar as colheitas. Colocavam as suas colheitas em superfícies extensas ou estruturas elevadas, deixando que o calor fervoroso do sol removesse gradualmente a humidade. Estes métodos rudimentares lançaram as bases para as soluções avançadas de secagem solar que evoluíram ao longo das eras seguintes, reflectindo um fio contínuo de inovação nas práticas agrícolas.

A era da industrialização anunciou uma nova era de progresso nos métodos de refinamento e conservação agrícola. No entanto, foi apenas nas últimas décadas do século XX que o conceito de secagem solar começou a ser reconhecido como uma alternativa prática e amiga do ambiente. A crise energética dos anos 70 actuou como um catalisador, desencadeando um ressurgimento da exploração de recursos renováveis, o que, por sua vez, impulsionou a investigação com visão de futuro e o aperfeiçoamento de metodologias movidas a energia solar.

Durante os anos de transformação das décadas de 1970 e 1980, os inovadores no domínio da tecnologia agrícola embarcaram numa missão para criar secadores solares especializados para produtos agrícolas. Este período assistiu ao aparecimento de um espetro de protótipos, desde as unidades de exposição direta simples até aos intrincados modelos indirectos e híbridos. A ambição subjacente a estes esforços era captar e utilizar a energia solar com a máxima eficiência, mantendo as condições ideais de secagem que salvaguardassem a integridade e a nutrição contidas nas colheitas.

Nas observações finais deste capítulo, reconhecemos os avanços significativos registados na tecnologia de secagem solar ao longo das últimas décadas. Instituições e organizações de todo o mundo dedicaram esforços consideráveis ao avanço dos sistemas de secagem solar, integrando inovações de ponta como acumuladores térmicos, células solares e controlos inteligentes para elevar a sua funcionalidade.

Além disso, a urgência crescente de enfrentar as alterações climáticas e adotar uma agricultura sustentável catalisou um movimento entre decisores políticos, organizações sem fins lucrativos e empresas para incentivar a adoção de métodos de secagem solar em locais agrários. Estes esforços visam diminuir o desperdício das colheitas pós-colheita, reforçar a estabilidade alimentar e equipar os agricultores com ferramentas económicas e benéficas para o ambiente.

Em suma, o desenvolvimento de secadores solares para utilização agrícola é uma narrativa da criatividade e resistência humanas face aos obstáculos ecológicos. Traçando a sua linhagem desde as práticas rudimentares de secagem ao sol de outrora até às sofisticadas tecnologias solares de hoje, esta evolução reflecte a nossa procura permanente de abordagens harmoniosas e sustentáveis para satisfazer as crescentes necessidades nutricionais da humanidade, ao mesmo tempo que se administra judiciosamente os bens naturais da Terra para a prosperidade das eras seguintes.

Contexto cultural e histórico do secador solar na Índia:

O contexto cultural e histórico dos secadores solares na Índia está profundamente ligado ao espírito inovador do país e à sua relação com o sol. Historicamente, a Índia tem sido uma terra onde a energia do sol não só era venerada, mas também praticamente aproveitada na vida quotidiana, particularmente na agricultura. A prática de secar os produtos agrícolas ao sol faz parte da vida indiana há séculos, servindo como um método natural de conservação dos alimentos.

Nos tempos modernos, esta tradição evoluiu para tecnologias de secagem solar mais sofisticadas. Organizações como a All India Women's Conference (AIWC), criada em 1927, têm desempenhado um papel fundamental na promoção dos secadores solares como ferramentas para a autossuficiência e a capacitação das mulheres [3]. Os esforços da AIWC, juntamente com o apoio do Ministério das Energias Novas e Renováveis do Governo da Índia, levaram à implementação de projectos que utilizam a tecnologia dos secadores solares para a geração de rendimentos, especialmente entre as mulheres de estratos economicamente pobres das zonas rurais.

A Índia destaca-se como o único país com um Ministério das Energias Novas e Renováveis (MNRE) no centro, especificamente encarregado de promover as tecnologias de energias renováveis. O MNRE colabora com várias organizações, incluindo a AIWC, para implementar projectos com sucesso. Nomeadamente, a AIWC foi reconhecida como uma das agências nodais neste esforço. No entanto, apesar destes esforços, muitos agricultores na Índia continuam a enfrentar desafios. Uma parte significativa das suas colheitas - cerca de 20 a 30% - é desperdiçada devido a instalações de refrigeração inadequadas. Esta situação lamentável perpetua a pobreza entre os agricultores. Para resolver este problema, torna-se crucial aumentar a produtividade dos produtos secos. Ao atingir níveis de produtividade mais elevados, os produtos alimentares sazonais podem ser processados e conservados de forma económica durante todo o ano.

Revisão da literatura:

Secadores solares ^ para alguns processos de secagem de frutos ^.

Após várias experiências, foi desenvolvido um projeto bem sucedido de secador solar utilizando a convecção natural, capaz de mitigar as perdas pós-colheita e melhorar a qualidade dos produtos agrícolas através de métodos de secagem solar activos e passivos. Onde, a taxa de secagem é inteiramente determinada pela transferência de massa e transferência de calor [4-5].

Os investigadores M. Mohanraj e P. Chandrashekar (2009) conceberam, fabricaram e testaram um secador solar de convecção forçada indireta equipado com material de armazenamento de calor para a secagem de malaguetas. Ao incorporar o armazenamento de calor, o secador mantém uma temperatura constante, embora ao custo de prolongar o tempo de secagem em aproximadamente 4,5 horas por dia. As malaguetas foram secas nos tabuleiros inferior e superior, obtendo-se reduções de humidade desde os níveis iniciais (72,08%) até aos níveis finais (9,12% e 9,72% em base húmida), respetivamente. O estudo sugere que um secador solar de convecção forçada é particularmente adequado para pequenos produtores que pretendam produzir pimento seco de alta qualidade. A eficiência térmica estimada é de aproximadamente 22%, com uma taxa específica de remoção de humidade de cerca de 0,88 kg/kWh [6].

Bukola O., et.al (2008) desenvolveu um secador solar de modo misto, económico e simples, utilizando materiais locais. Bolaji.et.al (2008) utilizando materiais locais. Ao meio-dia, o armário de secagem atingiu uma temperatura de 23°C (74,2%). A taxa de secagem das aparas de inhame foi de 0,628 kg/h, com uma eficiência do coletor de 55,5% e uma percentagem de remoção de humidade (em base seca) de 85,5%. Este secador solar mantém eficazmente níveis de humidade razoáveis, assegurando produtos secos de alta qualidade e funcionando em segurança.[7]

Ao longo da história, os frutos têm servido como fontes essenciais de nutrição para herbívoros e omnívoros. Devido ao seu elevado teor de humidade e à sua estrutura macia, os frutos são susceptíveis de se estragarem e têm um prazo de validade relativamente curto. Nomeadamente, a Índia produziu aproximadamente 98 579 000 toneladas métricas de frutos, com a produção mais elevada registada em Andhra Pradesh, com 1 761 467 toneladas métricas [8-9].

No seu estudo, Amer et al. (2010) desenvolveram um secador solar híbrido equipado com um permutador de calor especificamente para a secagem de amostras de banana. Este sistema inovador podia funcionar eficientemente tanto em dias de sol como em dias nublados. Nomeadamente, o processo de secagem prolongou-se até à noite, utilizando a energia térmica armazenada na água recolhida durante a radiação solar. Ao incorporar um aquecedor elétrico no depósito de água, a eficiência do secador aumentou uns impressionantes 65%. Em condições normais, o secador pode processar cerca de 30 kg de bananas num período de 8 horas. Durante este tempo, o teor de humidade diminuiu de 82% para 18% (em base húmida). Em comparação, o método de secagem ao sol resultou numa redução de 62%. É importante salientar que os produtos secos do secador solar híbrido exibiram cor, textura e aroma superiores quando comparados com os da secagem tradicional ao sol [10-11].

Jadallah, A. A., Alsaadi, M. K., & Hussien, S. A. (2020) desenvolveram e construíram um sistema híbrido PVT de dupla passagem em contra-fluxo integrado com um secador solar de modo misto para facilitar a secagem de culturas em condições de convecção forçada. A dinâmica térmica do sistema solar híbrido PVT acoplado à câmara de secagem foi analisada de forma abrangente usando um modelo térmico. Adicionalmente, foram efectuadas previsões teóricas e subsequentemente comparadas com resultados experimentais para validar a precisão do modelo. A cinética de secagem apresentou uma taxa de secagem máxima e mínima de 31 gramas por hora e 4 gramas por hora, respetivamente. Em particular, o tabuleiro superior do secador atingiu a temperatura mais elevada de aproximadamente 60,2°C às 13:00, com um pico de ganho de calor e eficiência térmica de 423,7 W e 52,98%, respetivamente, a um caudal de massa de 0,031 kg/s. O processo de secagem contínua durou 8 horas sem interrupção. Foram observadas reduções significativas no peso e no teor de humidade das fatias de banana, com o peso a diminuir de 150 gramas para 48 gramas e o teor de humidade a diminuir de 78% para 28,12% no tabuleiro inferior, particularmente evidente em taxas de fluxo de massa de ar mais elevadas [12].

Secagem de frutos:

Figura 18: Diferentes frutos que podem ser secos por secadores solares Fonte: http://solarkilns.com/drying-other-products/food-fruit/

Tabela 2: Dados experimentais de secagem de diferentes frutos

SR. Não.	Fruta	Estudo de investigação	Método de secagem	Principais conclusões
1	Banana	Hegde et al. (2015) [13]	Secador solar indireto (fluxo superior e fluxo inferior)	- A configuração de caudal inferior proporcionou temperaturas mais elevadas na câmara do que o caudal superior. - Eficiência: Fluxo superior (27,5%), fluxo inferior (38,21%). - Os espetos de madeira melhoraram a taxa de secagem. - A melhor qualidade foi obtida com um caudal de ar de 1 m/s.
2	Banana	El-Wahhab et al. (2023) [14]	Secador solar de convecção natural e sol aberto	- As lascas de caule de banana mais finas secaram mais rapidamente. - Os pré-tratamentos (água quente, água salgada, sulfito) aumentaram a taxa de secagem.
3	Ananás	Bala, B. K et. Al., (2003) [18]	Secador de túnel solar	A temperatura do ar de secagem na saída do coletor variou de 34,1 a 64,0 °C durante a secagem. Este secador pode ser utilizado para secar até 150 kg de ananás fresco.
4	Manga	Shrivastava, A., Gaur, M. K., & Singh, P. (2022) [19]	secagem em secador solar de estufa híbrido com coletor de tubos de vácuo e tabuleiro	O tempo de secagem é reduzido para 4 horas, poupando 7 horas em comparação com o secador não equipado e com a secagem ao sol (OSD), com um

			de secagem com alhetas	coeficiente de transferência de calor por convecção (CHTC) mais elevado de 0,11 W/m^2 °C com o coletor, o que resulta num tempo de retorno notavelmente curto de apenas 0,25 anos.
5	Papaia	Abrol, G. S., Vaidya, D., Sharma, A., & Sharma, S. (2014) [20]	secagem em túnel solar	Embora tenha havido uma diminuição da vitamina C sensível ao calor, os níveis de compostos antioxidantes, fenóis totais e carotenóides totais aumentaram. Notavelmente, a atividade antioxidante melhorou significativamente, com a manga a aumentar de 68,6% para 86,3%, a papaia de 64,1% para 80,4% e a banana de 59,5% para 73,2%.
6	Mistura de frutas	Natarajan, S. K., Elangovan, E., Elavarasan, R. M., Balaraman, A., & Sundaram, S. (2022). [11]	Diferentes métodos	Revisão dos métodos convencionais para tecnologias avançadas de secagem solar para conservar peixe, frutas e legumes
7	Datas	Zubeda, et al. (2024) [21]	Secador solar de forno natural	A secagem com um secador solar de forno natural proporcionou tâmaras de boa qualidade
8	Goiaba	V. R. Mugi et. Al., (2022) [23]	Secador solar indireto por convecção natural (NCISD) e secador solar indireto por convecção forçada (FCISD) e comparação	O desempenho da ISD é melhorado na FCISD através da ligação de ventiladores DC acionados por módulos fotovoltaicos.
9	Goiaba	Mugi, V. R., & Chandramohan, V. P. (2022). [22]	Modo passivo e ativo secadores solares indirectos	A análise 4E revelou que a AMISD supera o desempenho da PMISD, mostrando que ambas as DSI são opções economicamente viáveis e

				sustentáveis com um impacto ambiental mínimo.
10	Kiwis	Al Baloushi, M., Bhambare, P., Yadav, R., Achuthan, M., & Walke, S. (2020) [24]	secagem natural ao ar livre, secagem solar direta e secagem solar indireta	A secagem solar indireta surge como o melhor método de secagem solar e revela-se adequada para aplicações comerciais de secagem, particularmente para este tipo de frutos.
11	Kiwis	Dalvand, M. J., Mohtasebi, S. S., & Rafiee, S. (2012).[25]	Secador solar EHD	que o efeito do rácio de abertura do elétrodo ligado à terra na taxa de secagem foi significativo a um nível de probabilidade inferior a 1 % (P<0,01), a taxa de secagem do kiwi diminuiu com a redução da tensão aplicada.
12	Pêssegos	Karaaslan, S., Ekinci, K., Ertekin, C., & Kumbul, B. S. (2021) [26]	o secador de túnel solar é composto por um coletor solar de placa plana, um túnel de secagem, um módulo de células solares e um pequeno ventilador axial	As curvas caraterísticas de secagem foram avaliadas com base em dez modelos matemáticos. Os resultados mostraram que o modelo de Midilli et al. foi considerado o melhor modelo descritivo para a secagem em túnel solar de pêssego em camada fina.
13	Figos	Ekka, J. P., Muthukumar, P., Bala, K., Kanaujiya, D. K., & Pakshirajan, K.	Secador solar de convecção forçada de modo misto para armários (MFCSCD)	O processo de secagem de figos em cacho demonstrou um aumento significativo da eficiência do secador e da recolha, bem como uma taxa de extração de humidade específica (SMER) de 3,72 kg/min,
		(2021) [27]		salientando a influência considerável do caudal mássico do ar na taxa de secagem
14	Caquis	Hanif, M., Khattak et. Al.(2015) [28]	coletor solar de placa plana ligado a uma câmara de secagem	O aumento da temperatura do sistema de secagem resultou numa diminuição de 22% da contaminação por fungos, com os dióspiros secos a

				apresentarem um melhor desempenho global na redução da aflatoxina em comparação com os tratados com gel de aloé vera, demonstrando a eficácia do mel como conservante natural.
15	Damascos	Togrul, I. T., & Pehlivan, D. (2002) [29]	secador solar de convecção forçada indireta com concentrador cónico	Teor de humidade inicial até ao teor de humidade final de cerca de 0,18 kg de água por kg de matéria seca
16	Limões	Mahajan, J. B., Deepak Sharma, D. S., Bandgar, P. S., & Gadage, S. R. (2011) [30]	Secador de túnel solar MPUAT	Num período de secagem de seis dias, o teor de humidade inicial do limão a 80,7% foi reduzido para 5,88%, ultrapassando o requisito de dez dias para a secagem ao sol.
17	Limões	Chen, H. H., Hernandez, C. E., & Huang, T. C. (2005) [31]	secador solar de tipo fechado	As rodelas de limão secas por energia solar produzidas com um secador solar de tipo fechado apresentam uma qualidade global superior nos parâmetros sensoriais
18	Laranjas	Krabch, H., Tadili, R., &	secadores solares passivos	Um secador solar de conceção recente, com um único compartimento, optimiza a eficiência térmica
		Idrissi, A. (2022) [32]		eficiência e tempo de secagem, revelando-se economicamente mais viável em comparação com os secadores solares tradicionais de dois compartimentos
19	Sapota (Chikoo)	Sawant, C. P., Sharma, P. K., Samuel, D. V. K., Divekar, S. K., & Sahoo, R. N. (2013) [45]	secador solar de convecção natural (modelo de laboratório)	A secagem solar por convecção natural reduziu o tempo de secagem da sapota descascada em 32% em comparação com a secagem ao sol. O teor de açúcar total variou de 18% nos frutos frescos para 32,10% na sapota seca ao sol e 30,17% na sapota seca ao sol. O teor de proteínas

				diminuiu de 10,25% nos frutos frescos para 8,68% na secagem solar e 6,55% na secagem ao sol

Fontes: Os dados da tabela são preparados a partir de vários artigos académicos, cujas referências se encontram na terceira coluna.

Quadro 3: Dados experimentais de secagem de diferentes legumes

SR. Não.	Vegetais	Estudo de investigação	Método de secagem	Principais conclusões
1	Tomates	Djebli, A., Hanim, S., Badaoui, 0., & Boumahdi, M. (2019) [33]	Secador solar misto	Secagem solar de tomates KAWA utilizando um secador solar misto de convecção forçada, verificando que as fatias planas secam mais rapidamente do que as cunhas, especialmente em espessuras mais finas
2	Tomates	Ringeisen, B., Barrett, D. M., & Stroeve, P. (2014) [34]	concentrador solar côncavo construído com materiais de baixo custo e disponíveis localmente	Diminuição dos tempos de secagem em 21%, conseguida através de uma temperatura interna elevada e de uma humidade relativa reduzida, aumento da radiação solar sobre os tomates, fácil de realizar pelos agricultores.
3	Alho	Malakar, S., Arora, V. K., & Nema, P. K. (2021) [35]	um secador solar de tubo evacuado (à base de ETC)	O ESTD desenvolvido alcançou uma eficiência máxima de coletor de 45,86% e uma eficiência de secagem de 56%, com a eficiência exergética a atingir um pico de 83,38% durante o processo de secagem, e foi estimado um período de retorno de 1,3 anos.
4	Cenoura	Seshachalam, K., Thottipalayam, V. A., & Selvaraj, V. (2017) [36]	secador solar indireto de convecção forçada de passagem tripla	Durante a experimentação, o secador apresentou eficiências de recolha que variaram entre 14% e 43%, juntamente com uma eficiência térmica média do coletor de ar de 44%. Para além disso, as caraterísticas de secagem das fatias de cenoura foram
				previsto.
5	Cebolas	Hidalgo, L. F., Cândido, M. N., Nishioka, K., Freire, J. T., & Vieira, G. N. A. (2021) [37]	secador solar direto assistido por módulo fotovoltaico	secador solar autossuficiente com um módulo fotovoltaico, convecção natural e forçada, com convecção do ar de secagem controlando o período de taxa constante, boa eficiência do secador e consumo de energia.
6	Ervilhas verdes	Jadhav, D. B., Visavale, G. L.,	secagem em estufa solar	As condições óptimas do processo foram determinadas com um tempo

		Sutar, N., Annapure, U. S., & Thorat, B. N. (2010) [38]	(SCD) e conceção composta central (CCD)	de branqueamento de 4,24 minutos e uma concentração de KMS de 0,49%, resultando numa cor (valor a) de -7,86 e uma dureza de 548 gramas.
	Ervilhas	Shamiq, S. M., Sudhakar, P., & Cheralathan, M. (2018) [39]	secador solar aberrante com armário de secagem	A eficiência média do secador é de 19,2% na primeira condição e de 22,6% na segunda condição, indicando que esta última é uma escolha preferível para o processo de secagem.
7	Quiabo	Adorn, K. K., Dzogbefia, V. P., & Ellis, W. 0. (1997) [40]	Secagem solar com efeito da espessura das fatias	O estudo demonstrou que uma espessura de corte de 10,0 mm e uma duração de secagem de 48 horas se revelaram óptimas para a secagem solar do quiabo.
8	Pimentos	Fudholi, A., Sopian, K., Yazdi, M. H., Ruslan, M. H., Gabbasa, M., & Kazem, H. A. (2014).[41]	câmara de secagem com diferentes armários	O pimento vermelho foi seco de 80% para cerca de 10% p.a. em 33 horas, obtendo-se eficiências do coletor solar, do sistema de secagem, da recolha e da exergia de aproximadamente 28%, 13%, 45% e 57%, respetivamente, com um consumo específico de energia
				de 5,26 kWh/kg e valores de potencial de melhoria que variam de 0 a 135 W
9	Com	da Silva, G. M., Ferreira, A. G., Coutinho, R. M., & Maia, C. B. (2020) [42]	secador híbrido solar-cabina de ventilação forçada	A secagem sustentável foi conseguida através da utilização de um sistema fotovoltaico para alimentar ventiladores e um aquecedor elétrico, resultando na secagem de grãos de 23% a 13% de teor de humidade em 8,5 horas, com eficiências térmicas e de secagem médias de 27% e 6%, respetivamente
10	Beterraba	Mugi, V. R., Gilago, M. C., Chandramohan, V. P., & Babu, V. S.	secador de modo convencional com uma conduta	Os aumentos da taxa de secagem, da eficiência do secador e do coletor, bem como da taxa de extração de humidade específica no modo B, ultrapassam os do modo A em

		(2024) [43]	divergente que inclui ventiladores de corrente contínua	19,97%, 19,18%, 8,34% e 14,23%, respetivamente.

Fontes: Os dados da tabela são preparados a partir de vários artigos académicos, cujas referências se encontram na terceira coluna.

Capítulo 4

Inovações recentes no sector da energia solar

A secagem agrícola é um passo crucial na produção e preservação de alimentos, garantindo a longevidade e o valor de mercado das colheitas. Tradicionalmente, os agricultores e os transformadores de alimentos têm confiado nos métodos de secagem ao sol para reduzir o teor de humidade em vários produtos agrícolas, incluindo frutas, legumes, grãos e ervas. No entanto, estas técnicas convencionais são frequentemente ineficientes, inconsistentes e vulneráveis às mudanças climatéricas, resultando numa diminuição da qualidade do produto, em perdas nutricionais e numa diminuição do rendimento comercializável.

Tendo em conta as mudanças na procura agrícola e as incertezas decorrentes das alterações climáticas, a procura de soluções de secagem sustentáveis e fiáveis intensificou-se. Os secadores solares inovadores surgiram como alternativas promissoras, oferecendo abordagens eficientes, ecológicas e económicas aos métodos de secagem tradicionais.

A evolução das tecnologias inovadoras de secadores solares tem sido estimulada por um reconhecimento crescente das deficiências das práticas convencionais e do vasto potencial da energia solar como recurso renovável. Estes avanços abrangem um vasto espectro de descobertas de engenharia, inovação de materiais e integração de sistemas destinados a maximizar a utilização da energia solar, optimizando as condições de secagem e melhorando a eficiência global da secagem.

Neste capítulo, iniciamos uma exploração de secadores solares inovadores na agricultura, aprofundando a gama diversificada de avanços tecnológicos, caraterísticas de design e aplicações práticas que surgiram nos últimos anos. Desde superfícies de absorção de calor melhoradas a sistemas de controlo sofisticados, desde configurações de secagem híbridas a novos materiais dessecantes, examinamos as inovações de ponta que revolucionam as práticas de secagem agrícola e remodelam a paisagem da preservação dos alimentos.

Através de uma análise minuciosa destas tecnologias avançadas de secagem solar, o nosso objetivo é oferecer conhecimentos, inspiração e orientação prática a investigadores, engenheiros, decisores políticos e profissionais da indústria interessados em aproveitar a energia solar para otimizar os processos de secagem agrícola e promover <u>sistemas alimentares sustentáveis a nível global. Juntos, podemos libertar todo o potencial </u>da energia solar para enfrentar os desafios prementes da secagem agrícola e inaugurar um futuro caracterizado pela resiliência, equidade e prosperidade, tanto para os agricultores como para os consumidores. Os métodos de secagem solar evoluíram significativamente ao longo do tempo, e estão a ser feitos esforços para utilizar a energia solar de forma mais eficaz e eficiente para várias aplicações. Os secadores solares inovadores desempenham um papel crucial no sector agrícola por várias razões; vamos vê-las uma a uma.

1. **Reduzir as perdas pós-colheita:**

o **Desafio**: Após a colheita, as culturas são susceptíveis de se estragarem devido ao excesso de humidade.

o **Solução**: Os secadores solares removem eficazmente a humidade das culturas, evitando a deterioração e reduzindo as perdas pós-colheita.

o **Impacto**: Os agricultores podem armazenar as colheitas secas durante períodos mais longos, garantindo a segurança alimentar e a estabilidade económica.

2. **Preservação da qualidade**:

o **Desafio**: A secagem tradicional ao sol expõe as culturas a poeiras, pragas e contaminantes.

o **Solução**: Os secadores solares proporcionam um ambiente controlado, mantendo a qualidade do produto ao minimizar a exposição a factores externos.

o **Impacto**: Os produtos secos de alta qualidade obtêm melhores preços no mercado.

3. **Independência energética**:

o **Desafio**: Dependência de combustíveis fósseis para os processos de secagem.

o **Solução**: Os secadores solares utilizam energia renovável, reduzindo a dependência de fontes não renováveis.

o **Impacto**: Os custos de energia diminuem e os agricultores tornam-se mais auto-suficientes.

4. **Resiliência climática**:

o **Desafio**: Os padrões climáticos erráticos afectam os métodos tradicionais de secagem.

o **Solução**: Os secadores solares funcionam mesmo em dias nublados, assegurando uma secagem consistente.

o **Impacto**: Os agricultores adaptam-se às condições climáticas variáveis e mantêm a produtividade.

5. **Acréscimo de valor**:

o **Desafio**: Os produtos agrícolas em bruto têm um valor de mercado limitado.

o **Solução**: Os produtos secos (como frutas, legumes e ervas aromáticas) têm um valor mais elevado devido ao seu prazo de validade alargado.

o **Impacto**: Os agricultores podem diversificar os fluxos de rendimento através da venda de produtos de valor acrescentado.

6. **Capacitação dos pequenos agricultores**:

o **Desafio**: Os pequenos agricultores não têm acesso a tecnologias de secagem dispendiosas.

o **Solução**: Os secadores solares de baixo custo são acessíveis e capacitam os pequenos agricultores.

o **Impacto**: Melhoria dos meios de subsistência e redução do desperdício de alimentos.

Vejamos agora alguns avanços e inovações recentes que podem ser úteis para os investigadores e agricultores de processos de secagem de média a grande escala.

1. **Superfícies de absorção solar melhorada**: Os avanços recentes centram-se em novos materiais ou revestimentos que aumentam a absorção da energia solar. Estas superfícies captam eficazmente a luz solar, acelerando os tempos de secagem e aumentando a eficiência global.

Exemplos:
Nitreto de silício nanoestruturado:
Descrição: Os investigadores têm explorado a utilização de revestimentos nanoestruturados de nitreto de silício em painéis ou colectores solares.
Vantagens: As nanoestruturas melhoram a captação de luz, permitindo uma melhor absorção da luz solar. Maior eficiência na conversão da luz solar em eletricidade. Estes revestimentos podem ser aplicados para proteger os painéis solares utilizados nos secadores solares de alimentos.
2. **Sistemas de fluxo de ar optimizados:** As inovações no design do fluxo de ar nos secadores solares têm como objetivo maximizar a distribuição do calor e minimizar a perda de energia. Ao projetar cuidadosamente os padrões de fluxo de ar, estes sistemas asseguram uma secagem uniforme em toda a câmara de secagem, resultando numa melhor qualidade do produto e em durações de secagem reduzidas.
Revestimentos preventivos de UV:
1. **Objetivo:** Os secadores solares modernos utilizam materiais como folhas de policarbonato ou vidro preventivo contra os raios UV para proteger os alimentos dos raios UV nocivos.
2. **Vantagem:** Estes revestimentos evitam a degradação dos alimentos secos pelos raios UV, permitindo simultaneamente uma absorção eficaz da luz solar
Distribuição de calor maximizada:
Objetivo: O principal objetivo dos sistemas de fluxo de ar optimizado é distribuir uniformemente o calor dentro da câmara de secagem.
Importância: Uma distribuição uniforme do calor assegura uma secagem consistente em todas as partes da câmara.
Impacto: Melhoria da qualidade do produto, evitando a secagem excessiva ou insuficiente de áreas específicas.
Perda de energia minimizada:
Desafio: Os secadores solares tradicionais podem sofrer perdas de energia devido a padrões de caudal de ar ineficientes.
Solução: As inovações no design do fluxo de ar minimizam a perda de energia, direcionando o calor para onde é mais necessário.
Vantagens: Redução do consumo de energia, tornando a secagem solar mais sustentável e económica.
Padrões de fluxo de ar de engenharia:
Abordagem: Os engenheiros concebem cuidadosamente os padrões de fluxo de ar utilizando simulações de dinâmica de fluidos computacional (CFD).
Considerações:
-1- **Locais de entrada e saída:** Colocação correta das aberturas de entrada e de saída para uma circulação de ar eficiente.
-2- **Velocidade do ar:** Controlo da velocidade do ar para evitar turbulência excessiva ou estagnação.
Conceção do permutador de calor: Melhorar a transferência de calor entre o ar e o produto de secagem.
Resultado: Os padrões de fluxo de ar optimizados conduzem a uma melhor distribuição do calor e a tempos de secagem mais rápidos.
Secagem uniforme em toda a câmara:
-1- **Vantagens:**
Qualidade consistente do produto: Todas as partes do produto recebem o mesmo tratamento de

secagem.

Variabilidade reduzida: Variações minimizadas no teor de humidade.

-2- **Aplicações**: Utilizado em secadores solares de alimentos, secadores agrícolas e processos de secagem industrial.

Redução da duração da secagem:

Vantagens: Tempos de secagem mais rápidos devido a uma distribuição eficiente do calor.

Impacto: Aumento da produtividade e ciclos de processamento mais curtos

3. **Integração de materiais de mudança de fase (PCMs)**: Alguns secadores solares modernos incorporam materiais de mudança de fase (PCMs) no seu design. Estes materiais podem absorver e libertar quantidades significativas de energia térmica durante as transições de fase, como a fusão e a solidificação. Ao incorporar PCMs, os secadores solares podem armazenar o calor excedente durante períodos de elevada radiação solar e libertá-lo mais tarde quando a luz solar é insuficiente, prolongando assim os períodos de secagem e aumentando a eficiência global. Vamos conhecer a sua integração e benefícios:

i. **Integração de PCM em secadores solares**:

o **Objetivo**: Os PCMs são utilizados como meio de armazenamento em secadores solares para melhorar o seu desempenho.

o **Caraterísticas isotérmicas**: Os PCMs oferecem a vantagem de um comportamento isotérmico durante as transições de fase (sólido para líquido ou vice-versa).

o **Horas sem sol**: Os PCMs permitem o armazenamento de energia durante os períodos de sol e libertam-na quando a luz solar não está disponível, assegurando uma secagem contínua.

o **Tipos comuns de PCM**: Os ácidos gordos, a cera de parafina, o sal de Glauber, o cloreto de cálcio hexa-hidratado, o tiossulfato de sódio penta-hidratado e o carbonato de sódio deca-hidratado são PCMs normalmente utilizados [63].

ii. **Vantagens da integração do PCM:**

o **Flexibilidade**: Os PCMs aumentam a flexibilidade do funcionamento do secador solar, permitindo uma secagem eficiente mesmo durante a noite.

o **Eficiência**: Eficiência global melhorada devido à otimização do armazenamento e libertação de calor.

o **Qualidade**: Os produtos secos que utilizam PCMs mantêm uma melhor qualidade.

o **Custo-eficácia**: Redução do consumo de energia e melhoria da sustentabilidade.

iii. **Ultrapassar as limitações do dia:**

o **Desafio**: Os secadores solares só podem funcionar durante o dia.

o **Solução**: A integração de PCMs permite o armazenamento de energia durante o dia e a sua utilização durante as horas que não são de sol.

o **Impacto**: Ultrapassa a limitação do funcionamento apenas durante o dia.

iv. **Recomendações:**

o **Dispositivos de armazenamento térmico (TESs)**: Combinar secadores solares com TESs utilizando PCMs como meios de armazenamento.

o **Gama de temperaturas óptima**: Assegurar que a gama de temperaturas durante o carregamento e o descarregamento dos PCMs seja estritamente limitada

4. **Sistemas de controlo automatizados**: As inovações recentes incluem a integração de sistemas de controlo automatizados nos secadores solares. Estes sistemas utilizam sensores para monitorizar parâmetros como a temperatura, a humidade e o fluxo de ar, permitindo um controlo preciso e a otimização do processo de secagem. A automatização reduz a necessidade de intervenção manual, assegurando processos consistentes e melhorando a eficiência global.

As inovações nos **sistemas de controlo automatizado** para secadores solares agrícolas melhoraram significativamente a sua eficiência e eficácia. Vamos explorar algumas dessas inovações:

Otimização melhorada por IA:

Objetivo: Conseguir uma automatização precisa e eficaz dos secadores solares.

Método: Os métodos de inteligência artificial (IA) são utilizados para calcular valores optimizados para parâmetros como a eficiência do secador e o tempo de secagem.

Dados em tempo real: Os algoritmos de IA processam dados em tempo real de vários sensores (temperatura, humidade, radiação solar, velocidade do vento) para tomar decisões inteligentes.

Benefícios:

J Melhoria da eficiência de secagem.

4- Melhoria da qualidade do produto.

4- Avanços notáveis nas práticas agrícolas

Automação baseada na IoT:

Objetivo: Monitorizar e controlar remotamente os secadores solares.

Implementação: A tecnologia IoT (Internet of Things) permite a monitorização e os ajustes em tempo real.

Benefícios:

4- Gestão eficaz à distância.

4- Redução da intervenção manual.

4- Melhoria do desempenho do sistema

Sistemas de controlo em circuito fechado:

Descrição: Estes sistemas monitorizam e ajustam continuamente os parâmetros (como o fluxo de ar, a temperatura e a humidade) com base no feedback em tempo real.

Benefícios:

4- Secagem consistente em toda a câmara.

4- Redução do consumo de energia.

4- Melhoria da uniformidade do produto

Algoritmos de previsão:

- **Aplicação**: Os algoritmos de aprendizagem automática prevêem o comportamento do sistema em diversas condições.

- **Casos de utilização**:

o Otimização do processo de secagem para diferentes produtos agrícolas.

o Adaptação a condições climatéricas variáveis.

o Minimizar o tempo de secagem

\)

5. **Sistemas híbridos de secadores solares**: Os secadores solares híbridos combinam a

energia solar com outras fontes como a biomassa, a eletricidade ou o calor residual para proporcionar um desempenho de secagem consistente. Estes sistemas oferecem maior flexibilidade e resiliência, permitindo que as operações de secagem continuem mesmo durante períodos de baixa radiação solar ou condições climatéricas adversas. Vamos explorar a sua importância e benefícios:

Amigo do ambiente e economicamente viável:

o **Objetivo:** Substituir os secadores térmicos com elevado consumo de energia, normalmente utilizados nas cadeias de abastecimento da transformação agroalimentar.

o **Integração:** Os secadores solares híbridos combinam a secagem solar com fontes de energia suplementares (como o biogás, bombas de calor e materiais de armazenamento térmico).

o **Vantagens:**

▪ Redução da dependência de recursos não convencionais.

▪ Custo-benefício e sustentabilidade. **Capacidade de secagem contínua:**

o **Desafio:** Os secadores solares são ineficazes durante as estações chuvosas ou dias nublados.

o **Solução:** Os sistemas híbridos asseguram uma secagem ininterrupta através da integração de outras fontes de energia.

Impacto:

o Controlo melhorado do processo de secagem.

o Melhoria da qualidade do produto

o Redução do tempo de secagem

o Baixo custo da mão de obra

6. **Designs modulares e portáteis:** As inovações recentes centram-se no desenvolvimento de secadores solares leves, compactos e facilmente transportáveis. Estes sistemas modulares são adequados para operações de secagem em pequena escala ou móveis, como em zonas rurais ou remotas onde o acesso a instalações de secagem convencionais pode ser limitado. Informe-nos sobre as principais vantagens das concepções modulares e portáteis dos secadores solares agrícolas.

1. **Flexibilidade e adaptabilidade:**

o **Design modular:** Os componentes podem ser facilmente montados, desmontados ou substituídos.

o **Benefício:** Os agricultores podem adaptar o secador a diferentes culturas, quantidades e condições locais.

o **Design portátil:** Fácil de deslocar para otimizar a exposição ao sol ou mudar para diferentes locais de secagem.

2. **Escalabilidade:**

o **Unidades modulares:** Os agricultores podem acrescentar ou retirar módulos consoante as suas necessidades.

o **Vantagem:** A escalabilidade permite uma expansão gradual sem um investimento inicial significativo.

3. **Redução do tempo e dos custos de instalação:**

o **Montagem modular:** Montagem rápida graças aos componentes pré-fabricados.

o **Vantagem:** Custos de mão de obra mais baixos e implementação mais rápida.

4. **Eficiência de espaço:**

o **Disposição modular:** Utilização eficiente do espaço disponível.

o **Vantagem:** Ideal para pequenas explorações agrícolas ou áreas de terreno limitadas.

5. **Melhoria da qualidade do produto:**

o **Secagem uniforme**: Os designs modulares garantem um fluxo de ar e uma distribuição de temperatura consistentes.

o **Vantagem**: Melhor qualidade do produto e redução da deterioração.

6. **Manutenção e reparação fáceis:**

o **Componentes modulares**: Manutenção e resolução de problemas simplificadas.

o **Benefício**: Redução do tempo de inatividade e aumento da fiabilidade do sistema.

7. **Transportabilidade:**

o **Portabilidade**: Design leve e compacto.

o **Vantagem**: Os agricultores podem deslocar o secador para diferentes campos ou locais de armazenamento.

8. **Considerações ambientais:**

o **Pegada reduzida**: Minimizar a perturbação do solo.

o **Vantagem**: Amigo do ambiente e sustentável

---

7. **Monitorização inteligente e gestão remota**: Alguns secadores solares modernos estão equipados com capacidades de monitorização inteligente e gestão remota. Os utilizadores podem monitorizar e controlar remotamente o processo de secagem através de aplicações móveis ou interfaces web, recebendo informações e alertas em tempo real para otimizar o desempenho e garantir a qualidade do produto. Estas inovações contribuem para práticas agrícolas sustentáveis e eficientes com os seguintes benefícios:

1. **Monitorização em tempo real:**

o **Vantagem**: Os sistemas de monitorização inteligentes fornecem dados em tempo real sobre vários parâmetros, como a temperatura, a humidade e a humidade do solo.

o **Impacto**: Os agricultores podem tomar decisões informadas prontamente, levando a práticas agrícolas optimizadas.

2. **Controlo preciso:**

o **Benefício**: A gestão remota permite que os agricultores ajustem as condições de secagem (como o fluxo de ar, a temperatura e a humidade) sem presença física.

o **Resultado**: Melhoria da eficiência e da qualidade dos produtos.

3. **Tomada de decisões com base em dados:**

o **Função**: Os sistemas de monitorização inteligentes recolhem e analisam dados.

o **Vantagem**: As informações baseadas em dados orientam os agricultores na tomada de decisões informadas para a gestão das culturas.

o **Resultado**: Aumento da produtividade e da utilização dos recursos.

4. **Otimização das práticas agrícolas:**

o **Monitorização inteligente**: Monitoriza a saúde, o crescimento e as condições ambientais das culturas.

o **Gestão remota**: Permite ajustes com base em dados em tempo real.

o **Benefício**: otimização da irrigação, fertilização e controlo de pragas.

5. **Maior rendimento das culturas:**

o **Agricultura de precisão**: Os sistemas inteligentes criam condições ideais de crescimento.

o **Resultado**: Aumento do rendimento devido à otimização da afetação de recursos.

6. **Redução da intensidade do trabalho:**

o **Controlo remoto**: Os agricultores podem gerir os secadores solares à distância.

o **Vantagem**: Menos intervenção manual, libertando mão de obra para outras tarefas.

7. **Eficiência energética:**

o **Monitorização inteligente**: Assegura a utilização eficiente dos recursos energéticos.

o **Gestão remota**: Permite ajustes atempados para minimizar o desperdício de energia.

o **Resultado**: Redução dos custos operacionais, prevenção de rega excessiva ou consumo excessivo de energia

Capítulo 5

Construir o seu próprio secador solar

A secagem é um passo crítico na preservação da qualidade dos produtos agrícolas. Quer se trate de um agricultor de pequena escala ou de um proprietário rural, ter um secador solar fiável pode melhorar significativamente a conservação dos alimentos e reduzir as perdas pós-colheita. Neste capítulo, vamos guiá-lo através do processo de conceção e construção de um secador solar agrícola eficiente.

Os factores que afectam a conceção dos secadores solares agrícolas englobam uma série de considerações cruciais para a sua eficácia e eficiência. Antes de começar a conceber e a construir um secador solar, é necessário conhecer os seguintes factores que afectam a conceção dos secadores solares.

Figura 19: O nosso secador solar de baixo custo para secadores agro-alimentares
Fonte: Dr. Bhadresh R Sudani, Professor Assistente de Química, GEC, Valsad

1. **Clima e condições ambientais**: O clima local influencia a conceção dos secadores solares agrícolas, influenciando as decisões sobre a sua estrutura e funcionalidade. A compreensão dos padrões meteorológicos, incluindo a disponibilidade de luz solar, as variações de temperatura, os níveis de humidade e os ventos predominantes, orienta os projectistas na conceção de secadores que possam aproveitar eficazmente a energia solar e adaptar-se às flutuações ambientais.

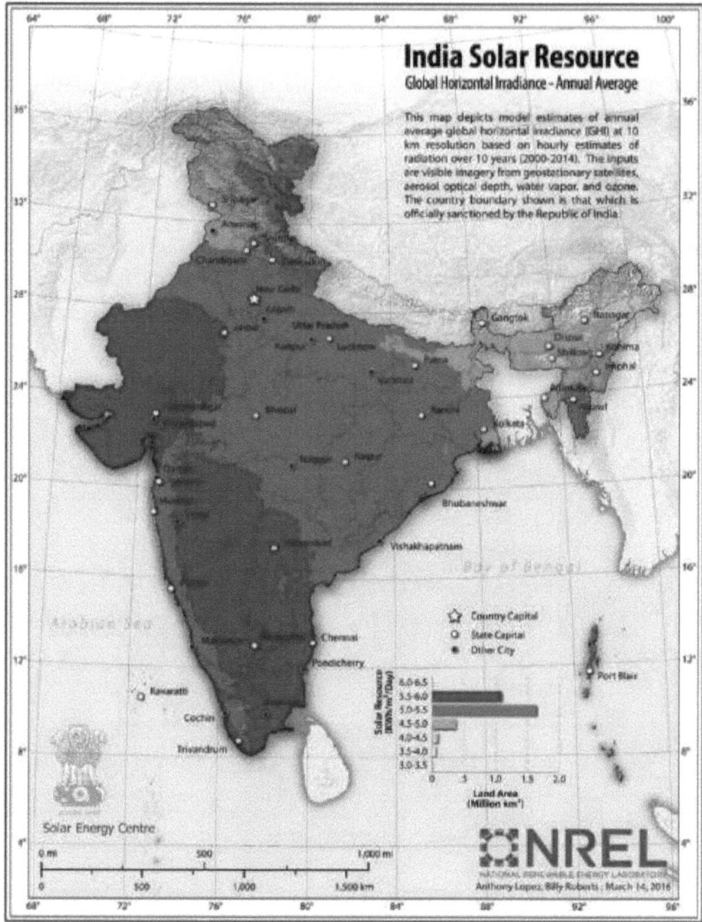

Figura 20: Radiação solar global média anual na Índia [46-47]
Fonte: https://www.nrel.gov/docs/fy21osti/78025.pdf

2. **Caraterísticas das culturas**: A diversidade das culturas exige uma abordagem adaptada à conceção do secador. Há muitos factores que podem desempenhar um papel fundamental na determinação da disposição da câmara de secagem, da dinâmica do fluxo de ar e das configurações de carga dentro do secador. Ao personalizar a conceção de acordo com os requisitos específicos da cultura, podem ser alcançadas condições de secagem óptimas, garantindo uma produção de alta qualidade.

Cada aspeto da cultura influencia a conceção dos secadores solares agrícolas, moldando a sua eficácia e eficiência. Alguns pontos importantes que explicarão o papel das caraterísticas da cultura para um melhor secador solar são os seguintes

-1- **Teor de humidade:** O teor de humidade inicial determina a duração da secagem e o consumo de energia. As culturas com muita humidade podem necessitar de períodos de secagem prolongados ou de temperaturas elevadas para uma extração eficaz da humidade. A adaptação do secador a níveis de humidade específicos garante um desempenho ótimo, aumentando a eficiência da secagem.

-2- **Tamanho e forma:** As dimensões e os contornos da cultura têm impacto na disposição e na dinâmica do fluxo de ar dentro do secador. Culturas maiores ou com formas irregulares podem exigir câmaras de secagem espaçosas ou configurações de carregamento especializadas para garantir uma secagem uniforme e a distribuição do fluxo de ar. A adaptação do secador para acomodar diversas geometrias de culturas optimiza a eficácia da secagem.

-3- **Caraterísticas de secagem:** As diferentes culturas apresentam comportamentos de secagem distintos, tais como encolhimento, fissuras ou alterações na cor e textura. A familiaridade com estas caraterísticas ajuda a projetar o secador para mitigar os danos no produto e preservar os atributos de qualidade desejados. Ao personalizar o secador para se adequar a caraterísticas específicas da cultura, a integridade do produto é mantida durante todo o processo de secagem.

-4- **Propriedades de transferência de calor e massa:** As caraterísticas térmicas e de transferência de massa das culturas determinam a eficiência da remoção de calor e humidade. A conceção do secador para otimizar estas taxas de transferência minimiza o consumo de energia e acelera o processo de secagem. O aumento da eficiência da transferência de calor e de massa assegura operações de secagem eficientes em termos de recursos.

4- **Requisitos específicos de secagem:** Algumas culturas requerem condições de secagem precisas para manter a integridade nutricional, o sabor ou o aspeto. A adaptação do secador a estes requisitos, como a regulação da temperatura de secagem ou da velocidade do fluxo de ar, salvaguarda a qualidade do produto e a atração do mercado. O cumprimento de requisitos de secagem específicos garante a excelência consistente do produto.

5- **Tamanho do lote e rendimento:** O volume de colheita por lote e a capacidade global de secagem influenciam o tamanho e a funcionalidade do secador. A conceção do secador para lidar com tamanhos de lote e taxas de produção específicos garante um funcionamento sem problemas e satisfaz as exigências de produção. Adaptar a capacidade do secador para corresponder aos volumes de produção optimiza a eficiência e a produtividade da secagem.

6- **Necessidades de pré-processamento:** Certas culturas necessitam de tratamentos preliminares, como corte ou branqueamento, para facilitar a extração de humidade ou preservar a qualidade do produto. A integração de equipamento de pré-processamento no projeto do secador ou a acomodação de culturas pré-tratadas aumenta a eficiência da secagem e a integridade do produto. A otimização dos requisitos de pré-processamento simplifica o fluxo de trabalho de secagem, garantindo uma produção eficiente e de alta qualidade.

7- **Considerações ambientais:** Os factores ambientais, incluindo a temperatura, a humidade e o fluxo de ar, exercem uma influência significativa na cinética de secagem das culturas e na utilização de energia. A consideração destas variáveis na conceção do secador garante um desempenho ótimo em diversas condições climáticas. A adaptação do secador às nuances ambientais locais maximiza a eficácia da secagem e a eficiência energética.

Ao considerar meticulosamente estes factores centrados nas culturas durante a fase de conceção, os secadores solares agrícolas podem ser adaptados para satisfazer requisitos de secagem específicos, otimizar a utilização de recursos e manter a qualidade do produto, promovendo assim práticas agrícolas sustentáveis.

3. **Método de secagem:** A escolha do método de secagem adequado é um aspeto

fundamental da conceção do secador, dependendo de vários factores como o tipo de cultura, a taxa de secagem desejada e a disponibilidade de recursos. Quer se utilizem técnicas de secagem diretas, indirectas ou híbridas, cada método necessita de um planeamento meticuloso para facilitar a transferência de calor eficiente, a remoção de humidade e a eficácia global da secagem.

4. **Capacidade de secagem e rendimento**: Adaptar a capacidade e o rendimento do secador para satisfazer as exigências de produção é essencial para a eficiência operacional. A determinação de factores como o volume da colheita a secar, a duração prevista da secagem e o tamanho do lote informa as decisões relativas ao tamanho da câmara de secagem, taxas de fluxo de ar e requisitos de entrada de calor, assegurando que o secador pode acomodar os requisitos de produção sem comprometer o desempenho.

5. **Eficiência do coletor solar**: A eficiência do coletor solar tem um impacto profundo na capacidade do secador para aproveitar a energia solar de forma eficaz. Ao otimizar os elementos de design, como a orientação do coletor, o ângulo de inclinação, o material da placa absorvente e a transparência do vidro, os designers podem maximizar a absorção e a transferência de energia solar, melhorando assim o desempenho geral do secador e a eficiência energética.

6. **Isolamento e retenção de calor**: O isolamento eficaz é fundamental para minimizar a perda de calor e manter temperaturas de secagem consistentes dentro da câmara. A seleção cuidadosa dos materiais de isolamento, juntamente com as considerações relativas à espessura e à colocação, assegura uma retenção óptima do calor, permitindo uma remoção eficiente da humidade e reduzindo o consumo de energia durante o funcionamento.

7. **Fluxo de ar e ventilação**: A conceção estratégica do fluxo de ar é essencial para facilitar a secagem uniforme e a evacuação da humidade da câmara de secagem. As considerações de design abrangem caminhos de fluxo de ar, configurações de entrada e saída e sistemas de ventilação, todos destinados a promover a circulação de ar adequada e a otimizar a eficiência da secagem, mantendo a qualidade do produto.

8. **Sistemas de controlo e monitorização**: A integração de sistemas de controlo e monitorização aumenta a precisão e a eficiência do funcionamento do secador. As caraterísticas de automatização, associadas a sensores e mecanismos de feedback, permitem ajustes em tempo real aos parâmetros de temperatura, humidade e fluxo de ar, permitindo um controlo preciso do processo de secagem e optimizando a utilização de energia.

9. **Seleção de materiais e durabilidade**: A escolha de materiais duráveis e resistentes às intempéries é imperativa para garantir a longevidade e a fiabilidade do secador solar. Ao selecionar materiais capazes de suportar os factores de stress ambiental, resistir à corrosão e proporcionar um suporte estrutural adequado, os projectistas podem assegurar a resiliência e a longevidade do secador, maximizando assim a sua eficácia e sustentabilidade.

A- Material de isolamento do corpo do secador:

o O coração do secador solar está no seu corpo - a câmara onde os frutos, legumes e outros produtos se transformam sob o olhar atento do sol. Para isso, precisamos de um material isolante que retenha o calor sem sobreaquecer.

o **Material ideal**: Considere a utilização de materiais isolantes, como espuma de poliestireno ou fibra de vidro. Estes materiais proporcionam um excelente isolamento térmico, mantendo a câmara de secagem quente e evitando a acumulação excessiva de calor.

o **Resistência ao calor**: O material deve resistir a temperaturas elevadas sem se deformar ou deteriorar.

o **Durabilidade**: Deve resistir a condições climatéricas adversas, incluindo chuva e luz solar intensa.

o **Acessibilidade**: Optar por materiais económicos e facilmente disponíveis.

A- Estrutura e estrutura de suporte:

o A estrutura mantém todo o secador solar unido. Proporciona estabilidade e assegura o alinhamento perfeito do coletor e da câmara de secagem.

o **Aço macio**: Frequentemente utilizado em secadores de baixo custo, o aço macio proporciona resistência e estabilidade. É adequado para secadores solares de pequena escala.

o **Madeira**: Tradicional e amiga do ambiente, a madeira pode ser uma boa escolha para secadores mais pequenos. No entanto, é necessário garantir um tratamento adequado para evitar a deterioração.

o **Tubos de plástico ou PVC**: Leves e resistentes à corrosão, estes materiais funcionam bem para secadores mais pequenos e portáteis

-I- Superfície do coletor solar:

o A superfície do coletor capta a luz solar e converte-a em calor. É essencial escolher um material que absorva e transfira eficazmente a energia solar.

■ **Chapas metálicas (alumínio ou cobre)**: Estes materiais têm uma boa condutividade térmica e são normalmente utilizados para superfícies de colectores.

■ **Vidro**: Para os colectores de placa plana, o vidro temperado ou o vidro com baixo teor de ferro proporcionam transparência e durabilidade.

■ **Revestimentos selectivos**: Alguns colectores utilizam revestimentos selectivos (como o cromo preto ou o níquel preto) para melhorar a absorção solar.

-I- Material dos vidros:

o O vidro cobre a superfície do coletor, protegendo-o do pó, do vento e da chuva.

■ **Vidro de camada única**: Simples e eficaz, mas pode não proporcionar um isolamento ótimo.

■ **Policarbonato de camada dupla**: Oferece um melhor isolamento e resistência ao impacto.

■ **Películas de plástico resistentes aos raios UV**: Leves e económicas, adequadas para secadores mais pequenos.

-I- Vedantes e juntas:

o As vedações corretas evitam fugas de ar e mantêm a integridade da câmara de secagem.

o **Materiais:**

■ **Juntas de borracha ou silicone**: Estas juntas criam vedações herméticas à volta das aberturas.

■ **Fita de proteção contra intempéries**: Utilizada para vedar juntas e arestas

-I- Fixadores e ferragens:

• Parafusos, porcas, dobradiças e outras ferragens mantêm tudo unido.

- **Materiais resistentes à corrosão:**
o **Aço inoxidável:** Resistente à ferrugem e à corrosão.
o **Aço galvanizado:** Económico e durável

10. **Custo e acessibilidade:** equilíbrio entre desempenho   e   custo
é essencial para a conceção de secadores solares agrícolas economicamente viáveis.
Ao identificar caraterísticas de conceção rentáveis, ao selecionar materiais económicos
e ao otimizar os métodos de construção, os projectistas podem desenvolver secadores
que proporcionem um desempenho ótimo, mantendo-se acessíveis e económicos para
os utilizadores, contribuindo assim para a promoção de uma agricultura sustentável e
da segurança alimentar.

-1- Capacitação dos pequenos agricultores:
o Os secadores solares são uma tábua de salvação para os pequenos agricultores que não
podem pagar sistemas de secagem mecânicos dispendiosos.
o **Os secadores solares de tipo inclinado de baixo custo**, concebidos e testados para várias
culturas, constituem uma solução económica. Estes secadores custam aproximadamente **9000
rúpias por metro quadrado** e têm sido bem sucedidos na conservação de cebolas, quiabos,
cenouras, alho, entre outros [48].

-2- Inovação sustentável:
o Os secadores solares fazem parte das práticas agrícolas sustentáveis. Utilizam a energia solar
disponível localmente, reduzem os custos de transporte e permitem aos agricultores preservar
as suas colheitas.
o Ao reduzir as perdas (até 30% dos produtos agrícolas) devido a métodos inadequados de
armazenamento e conservação, os secadores solares contribuem para a segurança alimentar e
a estabilidade económica [49].

Passos para construir o seu próprio secador solar:
Existem tantos tipos e subtipos de secadores solares disponíveis no mercado e em
código aberto que o podem ajudar a preparar o seu próprio secador solar de alimentos
de acordo com as suas necessidades, sendo aqui dados alguns passos para construir o
seu secador.

1. **Planeamento e conceção:**
- **Definir os requisitos:** Comece por delinear as suas necessidades de secagem,
considerando factores como o tipo e volume de culturas que pretende secar e a
capacidade de secagem desejada. Este passo estabelece a base para o processo de
conceção, assegurando que o secador cumpre os seus objectivos de produção
específicos.
- **Seleção do método de secagem:** A seleção do método de secagem mais adequado é
fundamental. Os métodos diretos, indirectos ou híbridos oferecem diferentes
vantagens, dependendo das caraterísticas da cultura e das condições ambientais. A
avaliação destes factores ajuda a adaptar o processo de secagem para otimizar a
eficiência e a qualidade do produto.
- **Conceção da câmara de secagem:** A conceção da câmara de secagem é um aspeto
crítico da funcionalidade do secador. Deve adaptar-se ao tamanho e à forma das suas
culturas, facilitando simultaneamente um fluxo de ar e uma distribuição de calor

eficientes. A consideração cuidadosa do isolamento e dos pontos de acesso assegura um desempenho de secagem consistente.

• **Selecionar materiais:** Selecione cuidadosamente os materiais para garantir a sua durabilidade e desempenho. A estrutura deve ser robusta e resistente às intempéries, enquanto os materiais de isolamento devem reter o calor de forma eficaz. A escolha de materiais de qualidade garante a longevidade e a eficiência do seu secador solar.

2. Construção:

• **Construir a estrutura:** Construir uma estrutura robusta utilizando materiais adequados, tais como madeira, metal ou tubos de PVC. A estrutura fornece suporte estrutural para o secador e deve ser posicionada numa área com ampla exposição solar para uma óptima eficiência de secagem.

• **Construir a câmara de secagem:** Montar a câmara de secagem de acordo com as especificações do projeto, assegurando a estanquidade do ar e o isolamento para minimizar a perda de calor. Incorporar prateleiras ou tabuleiros no interior da câmara para acomodar as culturas, permitindo um fluxo de ar e uma distribuição de calor eficientes.

• **Instalação de vidros:** Instale material de vidro transparente, como acrílico ou vidro, para cobrir a frente da câmara de secagem. Isto permite a entrada de luz solar enquanto retém o calor no interior, criando um ambiente ideal para a secagem das culturas.

• **Instalar placas absorventes:** Montar placas absorventes no interior da câmara de secagem para absorver a radiação solar e transferir o calor para as culturas. Pintar as placas absorventes de preto aumenta a absorção de calor, facilitando uma secagem mais rápida e eficiente.

3. Funcionamento:

• **Carregamento:** Colocar as culturas nas prateleiras ou tabuleiros dentro da câmara de secagem, assegurando um espaçamento adequado para o fluxo de ar entre as culturas. O carregamento correto assegura uma secagem uniforme e evita a sobrelotação, que pode impedir o fluxo de ar e reduzir a eficiência da secagem.

• **Controlo:** Monitorizar regularmente os níveis de temperatura e humidade no interior da máquina de secar utilizando termómetros e higrómetros. Isto permite-lhe manter condições de secagem óptimas, ajustando o fluxo de ar ou a ventilação conforme necessário.

• **Rotação:** Proceder periodicamente à rotação das culturas para assegurar uma secagem homogénea e evitar a deterioração. Esta prática promove a remoção uniforme da humidade e ajuda a manter a qualidade do produto durante todo o processo de secagem.

4. Manutenção:

• **Limpeza:** Mantenha o secador limpo, removendo regularmente os detritos e resíduos da câmara de secagem e das prateleiras. Limpar o material do vidro para manter a transparência e maximizar a penetração da luz solar, assegurando um desempenho de secagem eficiente.

• **Inspeção:** Efetuar inspecções de rotina para verificar se existem sinais de danos ou desgaste, tais como fissuras no vidro ou no isolamento. Repare ou substitua imediatamente quaisquer componentes danificados para evitar problemas de desempenho e prolongar a vida útil da máquina de secar.

• **Armazenamento:** Quando não estiver a ser utilizada, guarde a máquina de secar roupa num local seco e abrigado para a proteger dos danos causados pelas intempéries e prolongar a sua utilização. Práticas de armazenamento adequadas garantem que a máquina de secar se mantém em condições óptimas para utilização futura.

Capítulo 6

Mercado atual de produtos de secagem solar.

Os sistemas de secagem solar ganharam uma atenção significativa nos últimos anos devido à sua natureza sustentável e amiga do ambiente. Estes sistemas utilizam a energia solar para desidratar produtos agrícolas, o que resulta num aumento do prazo de validade, na redução das perdas pós-colheita e no aumento do valor para os agricultores. Neste capítulo, exploramos as tendências actuais do mercado e os principais intervenientes na indústria da secagem solar a partir de 2024.

O mercado global de sistemas de secagem solar experimentou uma expansão significativa, com relatórios recentes indicando um crescimento substancial. Em 2023, o tamanho do mercado atingiu um valor de US $ 2,63 bilhões e deve aumentar para US $ 4,77 bilhões em 2030, refletindo uma taxa composta de crescimento anual (CAGR) de 6,2% durante o período de previsão que vai de 2024 a 2030.

Outro estudo realizado em 2022 revelou uma avaliação de mercado de 2,64 mil milhões de dólares, com uma CAGR projectada de 6,1%, resultando num valor estimado de 4,76 mil milhões de dólares até à conclusão de 2032. Estas estatísticas sublinham a adoção crescente das tecnologias de secagem solar à escala mundial [50].

Factores que impulsionam o crescimento do mercado de produtos alimentares agrícolas solares:

S *Incentivos governamentais para a integração de fontes de energia renováveis:*
Os governos de todo o mundo estão a promover cada vez mais a adoção de fontes de energia renováveis.

A energia solar, sendo uma opção limpa e sustentável, é incentivada através de subsídios, reduções fiscais e subvenções.

Para os agricultores, a utilização de secadores movidos a energia solar em vez dos secadores tradicionais à base de combustíveis fósseis é uma alternativa económica.

Estes incentivos encorajam os agricultores a investir em sistemas de secagem solar, conduzindo ao crescimento do mercado [51].

J *Crescimento do sector da agricultura e da transformação alimentar:*
A expansão da agricultura e das indústrias de transformação de alimentos a nível mundial impulsiona a procura de soluções de secagem eficientes.

Os secadores solares oferecem várias vantagens, incluindo custos operacionais reduzidos, melhor qualidade do produto e sustentabilidade ambiental.

As empresas agrícolas reconhecem estes benefícios e adoptam cada vez mais secadores movidos a energia solar para melhorar as suas operações2.

J *Economias de escala e melhoria da qualidade dos produtos:*
À medida que a tecnologia de secagem solar se torna mais amplamente adoptada, as economias de escala entram em jogo. Maiores volumes de produção conduzem a poupanças de custos.

Os secadores solares mantêm uma melhor qualidade do produto em comparação com os métodos tradicionais, assegurando que os produtos agrícolas secos cumprem as normas do mercado.

J *Iniciativas de sustentabilidade empresarial:*
Muitas empresas estão empenhadas na sustentabilidade e na redução da sua pegada de carbono. A adoção de secadores alimentados a energia solar está em conformidade com estas iniciativas.

Ao utilizar fontes de energia renováveis, as empresas contribuem para a conservação do ambiente e demonstram o seu empenhamento em práticas responsáveis.

J *Conformidade regulamentar e integração tecnológica:*
Os regulamentos relacionados com a proteção ambiental e a eficiência energética impulsionam a adoção de sistemas de secagem solar.

Os avanços tecnológicos, como os controlos e a monitorização inteligentes, melhoram a eficiência e a fiabilidade dos secadores solares.

J *Strategic Brand Differentiation:*
As empresas que investem em práticas sustentáveis ganham uma vantagem competitiva. Os secadores alimentados a energia solar podem ser um ponto de venda único para as marcas.

Os consumidores valorizam cada vez mais os produtos ecológicos, e as marcas que dão prioridade à sustentabilidade atraem uma base de clientes fiéis.

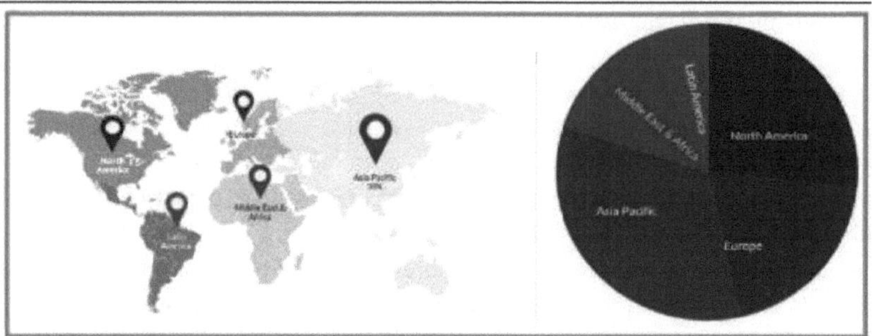

Figura 21: Mercado mundial de secadores solares até 2036 [51]
Fonte: https://www.researchnester.com/reports/solar-dryer-market/5439

Embora estes números representem projecções, é crucial reconhecer que o desempenho real do Mercado Global de Secadores Solares pode diferir devido a vários factores de influência. No entanto, a tendência prevalecente sugere um interesse e investimento crescentes em tecnologias de energia renovável, particularmente secadores solares. Estes avanços estão em harmonia com os objectivos mundiais de alcançar a sustentabilidade.

Crescimento dos projectos de secadores agro-solares a nível mundial:
O mercado global de secadores solares agrícolas registou um aumento notável por volta do ano 2024. Estes secadores solares, que aproveitam a energia solar para secar culturas e outros produtos agrícolas, estão a tornar-se cada vez mais populares devido à sua eficiência energética e sustentabilidade. Existem muitos sítios Web úteis para obter os dados sobre a dimensão do mercado dos secadores agrícolas nos últimos cinco anos. Em 2024 e por volta de 2024, é provável que essas tendências continuem a

impulsionar o crescimento dos secadores solares agrícolas em todo o mundo, com inovações contínuas, apoio político e dinâmica de mercado moldando sua adoção e impacto nos sistemas agrícolas e meios de subsistência rurais.

O crescente desejo dos consumidores por produtos agrícolas de alta qualidade e produzidos de forma sustentável abriu portas para os agricultores. Com a adoção de secadores solares, os agricultores podem satisfazer estas exigências do mercado, ao mesmo tempo que ganham acesso a mercados de primeira qualidade. Este aumento da procura por parte dos consumidores constitui um fator de motivação para os agricultores investirem em infra-estruturas e tecnologias de secagem solar.

À medida que aumenta a compreensão das vantagens dos secadores solares, juntamente com campanhas educativas dirigidas aos agricultores e às partes interessadas da agricultura, tem-se verificado um aumento notável na sua adoção. As iniciativas de formação e as plataformas de partilha de conhecimentos desempenham um papel crucial na divulgação de informações sobre os métodos de secagem solar, as melhores práticas e os procedimentos de manutenção. Esta maior consciencialização e acessibilidade da informação permitem aos agricultores integrar com confiança a secagem solar nas suas actividades.

Cenário dos produtos indianos de secadores solares:

1. **Diversidade de produtos**: Os fabricantes indianos oferecem uma vasta seleção de secadores solares adaptados a várias necessidades agrícolas e escalas operacionais. Estes secadores destinam-se a diferentes tipos de produtos, como frutas, legumes, cereais, especiarias, ervas aromáticas e até peixe e carne. Quer se trate de pequenos agricultores ou de grandes empresas agrícolas, o mercado oferece soluções que vão desde modelos simples e económicos a sistemas mais avançados e de elevada capacidade.

2. **Avanço tecnológico**: Os produtos indianos de secadores solares apresentam uma gama de inovações tecnológicas, desde designs passivos básicos a modelos sofisticados com caraterísticas como permutadores de calor, ventiladores e controlos automatizados. O foco contínuo está em melhorar a eficiência energética, a uniformidade de secagem e a qualidade do produto, garantindo que as soluções permaneçam acessíveis e fáceis de usar.

3. **Fabrico local**: Muitos produtos indianos de secadores solares são desenvolvidos e produzidos localmente, aproveitando o conhecimento e os recursos indígenas. Esta localização não só apoia o sector de fabrico nacional, como também assegura que as soluções são adaptadas às práticas agrícolas locais, variedades de culturas e condições climáticas.

4. **Acessibilidade**: Os fabricantes dão prioridade à acessibilidade, oferecendo soluções económicas que se adaptam às restrições financeiras dos pequenos agricultores e empresários rurais. Isto inclui o desenvolvimento de projectos de baixo custo e de bricolage, utilizando materiais facilmente acessíveis, bem como opções de financiamento inovadoras, como o microcrédito e acordos de leasing.

5. **Apoio governamental**: A ênfase do governo nas energias renováveis e na

agricultura sustentável impulsiona o apoio à adoção de secadores solares. Vários esquemas, incentivos e subsídios visam tornar as tecnologias solares mais acessíveis, reduzindo as barreiras ao investimento inicial para agricultores e empresários e promovendo uma adoção mais ampla em todo o país.

6. **Empreendedorismo rural**: A disponibilidade de produtos de secagem solar criou oportunidades para os empresários rurais oferecerem serviços de secagem aos agricultores e transformadores de alimentos locais. Estes empresários desempenham um papel vital na extensão dos benefícios da tecnologia de secagem solar aos níveis de base, contribuindo para o desenvolvimento rural e a capacitação económica.

7. **Integração nas cadeias de valor**: Os produtos de secagem solar estão cada vez mais integrados nas cadeias de valor agrícolas, permitindo aos agricultores acrescentar valor aos seus produtos, aceder a mercados de primeira qualidade e reduzir as perdas pós-colheita. Os produtos secos por energia solar são procurados tanto a nível nacional como internacional, indo ao encontro da crescente preferência por produtos alimentares de alta qualidade e sem químicos.

Em suma, o mercado indiano de secadores solares caracteriza-se por uma gama diversificada de produtos, avanços tecnológicos, fabrico local, acessibilidade de preços, apoio governamental, empreendedorismo rural e integração nas cadeias de valor agrícolas. Estes factores contribuem coletivamente para o crescimento do sector e para o seu papel no reforço da segurança alimentar e do desenvolvimento económico na Índia

Benefícios económicos da secagem solar para os agricultores:

Os secadores solares oferecem vantagens económicas, reduzindo os custos, melhorando o retorno do investimento, preservando a qualidade do produto e promovendo uma agricultura sustentável. Os agricultores podem aproveitar a energia solar para melhorar os seus meios de subsistência e contribuir para um futuro mais ecológico. Os secadores solares funcionam sem causar qualquer poluição ambiental. Ao contrário dos combustíveis fósseis, a energia solar é limpa e renovável. Alguns outros benefícios são listados a seguir.

1. **Acréscimo de valor**: Os secadores solares permitem aos agricultores aumentar o valor dos seus produtos agrícolas, preservando a sua qualidade. Ao secar as suas culturas de forma eficiente, os agricultores podem prolongar o prazo de validade dos seus produtos, tornando-os mais atractivos para os compradores. Este acréscimo de valor traduz-se frequentemente em preços de venda mais elevados e em lucros acrescidos para os agricultores (quadros 5 e 6).

2. **Maior alcance do mercado**: Os secadores solares permitem aos agricultores aceder a mercados mais alargados para além da sua vizinhança imediata. Com os produtos secos, os agricultores podem transportar os seus produtos a distâncias mais longas sem se estragarem significativamente, abrindo oportunidades para chegar a novos compradores e mercados. Este alcance alargado do mercado aumenta as oportunidades de mercado e os potenciais volumes de vendas para os agricultores.

3. **Mitigação das perdas pós-colheita**: Os secadores solares desempenham um papel

crucial na redução das perdas pós-colheita, preservando eficazmente as culturas perecíveis. Ao secar os seus produtos imediatamente após a colheita, os agricultores podem evitar a deterioração e o desperdício, salvaguardando assim o seu investimento e maximizando o seu rendimento. Esta redução das perdas contribui diretamente para melhorar a rentabilidade e a estabilidade financeira dos agricultores.

4. **Fluxos de rendimento diversificados**: Os secadores solares oferecem aos agricultores a oportunidade de diversificar os seus fluxos de rendimento através do processamento de vários produtos agrícolas. Ao secar uma série de culturas, como frutas, legumes, grãos e ervas, os agricultores podem distribuir o seu risco por vários mercados e estações, reduzindo a sua dependência de uma única fonte de rendimento e melhorando a resiliência financeira global.

5. **Operações económicas**: A secagem solar baseia-se na energia solar abundante e gratuita, resultando em poupanças de custos significativas em comparação com os métodos de secagem tradicionais. Com despesas operacionais contínuas mínimas, tais como custos de combustível ou eletricidade, os secadores solares oferecem aos agricultores uma solução rentável para o processamento pós-colheita. Estas poupanças contribuem diretamente para uma melhor rentabilidade e gestão de recursos na exploração agrícola.

6. **Potencial de preços mais elevados**: Os produtos agrícolas secos têm frequentemente preços mais elevados devido à sua melhor qualidade, prazo de validade alargado e menor suscetibilidade à deterioração. Ao investir em secadores solares, os agricultores podem produzir produtos que satisfazem as normas do mercado, o que lhes permite negociar melhores preços e aumentar as suas receitas globais (ver Quadro 5 e Quadro 6).

Quadro 4: Comparação das gamas de preços dos frutos secos e crus.

Sr. Não.	Fruta	Gama de preços da matéria-prima (por kg)	Faixa de preço seco (por kg)
1	Maçãs	?40 - ?60	?250 - ?350
2	Bananas	?20 - ?40	?150 - ?250
3	Uvas	?60 - ?100	?400 - ?600
4	Mangas	?50 - ?80	?300 - ?450
5	Laranjas	?30 - ?50	?200 - ?300
6	Ananases	?50 - ?80	?350 - ?500
7	Morangos	?100 - ?150	?600 - ?900
8	Mirtilos	?180 - ?250	?1000- ?1500
9	Framboesas	?150 - ?200	?800 - ?1200
10	Amoras	?120 - ?180	?700 - ?1000
11	Melancias	?15 - ?30	?100 - ?200
12	Papaias	?25 - ?40	?180 - ?250
13	Kiwis	?80 - ?120	?500 - ?700
14	Romãs	?70 - ?100	?400 - ?600

15	Cerejas	?200 - ?300	?1200- ?1800
16	Damascos	?100 - ?150	?700 - ?1000
17	Pêssegos	?80 - ?120	?500 - ?750
18	Ameixas	?60 - ?100	?400 - ?600
19	Cranberries	?250 - ?350	?1500 - ?2000
20	Datas	?150 - ?200	?1000- ?1500
21	Sapota (Chikoo)	?40 - ?70	?300 - ?450
22	Goiaba	?25 - ?45	?180 - ?300

Fontes: https://m.indiamart.com/proddetail/ produtos secos por energia solar

Nota: Estes intervalos de preços são indicativos e podem variar em função de factores como a localização, a qualidade, a sazonalidade e a procura do mercado.

Quadro 5: Comparação das gamas de preços dos vegetais secos e crus.

Sr. Não.	Vegetais	Gama de preços da matéria-prima (por kg)	Faixa de preço seco (por kg)
1	Tomates	?10 - ?20	?80 - ?120
2	Batatas	?10 - ?15	?70 - ?100
3	Cebolas	?15 - ?25	?100 - ?150
4	Cenouras	?20 - ?30	?120 - ?180
5	Pimentos	?30 - ?50	?200 - ?300
6	Espinafres	?15 - ?25	?100 - ?150
7	Couve	?20 - ?40	?150 - ?250
8	Couve-flor	?20 - ?40	?150 - ?250
9	Brócolos	?40 - ?60	?250 - ?350
10	Feijão verde	?40 - ?60	?250 - ?350
11	Ervilhas	?50 - ?80	?300 - ?450
12	Doce com	?30 - ?50	?200 - ?300
13	Quiabo (Ladyfinger)	?20 - ?30	?120 - ?180
14	Beringela (Brinjal)	?20 - ?30	?120 - ?180
15	Abobrinhas	?40 - ?60	?250 - ?350
16	Abóbora	?15 - ?30	?100 - ?200
17	Rabanete	?10 - ?20	?80 - ?120
18	Beterraba	?20 - ?40	?150 - ?250
19	Nabo	?15 - ?25	?100 - ?150
20	Alho	?80 - ?120	?500 - ?700
21	Gengibre	?80 - ?120	?500 - ?700
22	Malaguetas verdes	?40 - ?60	?250 - ?350

Fontes: https://m.indiamart.com/proddetail/ produtos secos por energia solar

Nota: Estes intervalos de preços são indicativos e podem variar em função de factores como a localização, a qualidade, a sazonalidade e a procura do mercado.

7. **Investimento sustentável**: O investimento em secadores solares representa um investimento sustentável a longo prazo para os agricultores. Uma vez instalados, os secadores solares requerem uma manutenção mínima e têm uma longa vida útil, proporcionando aos agricultores capacidades de secagem fiáveis e consistentes ano após ano. Esta sustentabilidade assegura benefícios contínuos e retorno do investimento para os agricultores ao longo do tempo.

8. **Eficiência operacional melhorada**: Os secadores solares simplificam as operações pós-colheita e reduzem a dependência das condições climatéricas para a secagem. Ao proporcionar um ambiente de secagem controlado e eficiente, os secadores solares permitem aos agricultores otimizar os seus calendários de produção, minimizar o tempo de processamento e maximizar a qualidade da produção. Esta maior eficiência operacional traduz-se num aumento da produtividade e da rentabilidade dos agricultores.

9. **Redução da dependência de combustíveis fósseis:** Os secadores solares reduzem a dependência de combustíveis fósseis principalmente através da utilização de energia solar renovável para o processo de secagem, em vez de fontes tradicionais como o carvão, o petróleo ou os combustíveis à base de gás. Os secadores solares aproveitam a energia abundante e livremente disponível do sol para aquecer e secar os produtos agrícolas. Esta fonte de energia renovável elimina a necessidade de combustíveis fósseis normalmente utilizados para alimentar os métodos de secagem convencionais, como os secadores a carvão ou a gás.

10. **Benefícios ambientais:** Para além de reduzir a dependência de combustíveis fósseis, os secadores solares oferecem vários benefícios ambientais. Contribuem para um ar e uma água mais limpos, reduzindo as emissões e a poluição associadas à combustão de combustíveis fósseis. Além disso, ao promover práticas agrícolas sustentáveis, a secagem solar apoia a conservação da biodiversidade e a saúde do ecossistema. desempenham um papel crucial na transição para um futuro de energia mais sustentável e renovável, reduzindo a dependência de combustíveis fósseis no sector agrícola. Ao aproveitarem a energia do sol, os secadores solares oferecem uma alternativa mais limpa, mais ecológica e mais sustentável para a secagem de produtos agrícolas, beneficiando tanto o ambiente como a economia dos agricultores.

Em suma, os secadores solares oferecem aos agricultores uma série de benefícios económicos, incluindo o acréscimo de valor, o alargamento do alcance do mercado, o potencial de preços mais elevados, etc. Estas vantagens contribuem para melhorar os resultados financeiros e a resiliência global das operações agrícolas.

Capítulo 7

Desafios e perspectivas futuras.

S Cada vez mais, os agricultores estão a adotar os secadores solares e, com esta adoção, surgem desafios e oportunidades relacionados com esta tecnologia transformadora. Neste capítulo, exploramos as complexidades de ultrapassar obstáculos e navegar pelas perspectivas promissoras da secagem solar na agricultura.

S A secagem solar oferece várias vantagens como método de processamento de alimentos, incluindo o facto de depender de fontes de energia gratuitas, renováveis e não poluentes. No entanto, é influenciada pelas condições climatéricas, que podem afetar a qualidade dos produtos secos e a duração total do processo de secagem. O secador de condução solar, uma tecnologia sustentável para a desidratação, provou ser versátil, eficiente em termos energéticos (até 160% mais eficiente do que os secadores de túnel solares convencionais) e económico (com custos de capital 40% mais baixos). Ao integrar estas inovações na cadeia de abastecimento alimentar, podemos reduzir as perdas pós-colheita, melhorar a gestão do inventário e contribuir para a redução da pobreza, oportunidades de trabalho digno e crescimento económico.

S A navegação pelos meandros técnicos constitui um obstáculo significativo à adoção generalizada dos secadores solares. Os desafios surgem durante as fases de conceção, instalação e funcionamento. Os agricultores deparam-se com uma curva de aprendizagem acentuada, desde a seleção da tecnologia de secagem adequada até à afinação dos parâmetros de secagem para várias culturas. No entanto, com programas de formação específicos, assistência técnica e plataformas de partilha de conhecimentos, os agricultores podem dotar-se das competências e conhecimentos necessários. Estes recursos permitem-lhes ultrapassar os obstáculos e otimizar a eficiência dos seus esforços de secagem solar.

S A secagem solar oferece várias vantagens como método de processamento de alimentos, incluindo a dependência de fontes de energia gratuitas, renováveis e não poluentes.

No entanto, é influenciado pelas condições climatéricas, que podem afetar a qualidade dos produtos secos e a duração geral do processo de secagem. O secador de condução solar, uma tecnologia sustentável para a desidratação, provou ser versátil, eficiente em termos energéticos (até 160% mais eficiente do que os secadores de túnel solares convencionais) e económico (com custos de capital 40% inferiores). Ao integrar estas inovações na cadeia de abastecimento alimentar, podemos reduzir as perdas pós-colheita, melhorar a gestão dos stocks e contribuir para a redução da pobreza, para oportunidades de trabalho digno e para o crescimento económico [52].

> **Alguns desafios explicativos podem ser observados da seguinte forma.**

1. **Custos de investimento inicial:**

A aquisição e instalação de sistemas de secagem solar requerem um investimento inicial significativo, o que pode ser particularmente difícil para os pequenos agricultores na Índia. Esta barreira financeira impede frequentemente os agricultores de adoptarem a tecnologia de secagem solar, limitando o seu acesso aos seus potenciais benefícios. Os custos envolvidos, como a compra de painéis solares e a criação de infra-estruturas de secagem, podem ser proibitivos para os agricultores com recursos financeiros limitados. Consequentemente, a acessibilidade dos secadores solares torna-se um fator crítico para a sua adoção e utilização generalizadas entre os pequenos produtores agrícolas.

2. **Conhecimentos técnicos e défice de competências:**

Existe uma lacuna notável no conhecimento técnico e na experiência dos agricultores relativamente à conceção, operação e manutenção dos sistemas de secagem solar. Muitos agricultores não têm os conhecimentos necessários para utilizar eficazmente estas tecnologias nas suas práticas agrícolas. Esta lacuna de conhecimentos representa um desafio significativo para a adoção generalizada de secadores solares, uma vez que os agricultores lutam para ultrapassar os obstáculos técnicos e otimizar o desempenho das suas operações de secagem. É essencial colmatar esta lacuna através de programas de formação específicos e de iniciativas de apoio técnico para capacitar os agricultores e aumentar a sua capacidade de utilizar eficazmente a tecnologia de secagem solar.

3. **Disponibilidade solar inconsistente:**

As diversas condições climáticas da Índia levam à variabilidade dos padrões de radiação solar ao longo do ano, colocando desafios para operações de secagem solar consistentes e eficientes. As variações na intensidade da luz solar, particularmente durante os períodos de baixa disponibilidade solar ou nas estações das monções, podem afetar a fiabilidade dos sistemas de secagem solar. Os agricultores podem ter dificuldade em manter as condições óptimas de secagem dos seus produtos, o que afecta a qualidade e a eficiência do processo de secagem. As estratégias para enfrentar este desafio podem envolver a implementação de métodos de secagem alternativos ou a incorporação de opções de armazenamento para mitigar os efeitos da disponibilidade solar inconsistente.

4. **Garantia de qualidade e segurança alimentar:**

Garantir a qualidade consistente do produto e os padrões de segurança alimentar em produtos secos por energia solar é crucial, mas muitas vezes um desafio para os agricultores. Práticas de higiene inadequadas e técnicas de secagem incorrectas podem resultar na contaminação e deterioração dos produtos secos, comprometendo a sua segurança e qualidade. Os agricultores podem não ter os conhecimentos e recursos necessários para implementar protocolos de higiene adequados e medidas de controlo de qualidade ao longo do processo de secagem. A resolução destes desafios exige uma formação e educação abrangentes sobre práticas de segurança alimentar, bem como investimentos em infra-estruturas e equipamento para apoiar os esforços de garantia de qualidade.

5. **Acesso ao mercado e integração da cadeia de valor:**

O acesso limitado aos mercados e as ligações insuficientes às cadeias de valor constituem obstáculos significativos à rendibilidade e à escalabilidade das iniciativas de secagem solar na Índia. Mesmo que os agricultores consigam produzir produtos de secagem solar de alta qualidade, podem ter dificuldade em aceder a mercados onde possam vender os seus produtos a preços competitivos. Além disso, a integração inadequada com as cadeias de valor existentes pode limitar as oportunidades de acréscimo de valor e de diferenciação do mercado. O reforço das ligações ao mercado, a melhoria dos sistemas de informação sobre o mercado e a promoção da colaboração entre agricultores, transformadores e retalhistas são passos essenciais para melhorar o acesso ao mercado e a integração na cadeia de valor dos produtos secos ao sol.

> **Perspectivas futuras:**

1. Avanços tecnológicos:

-1- A inovação contínua na tecnologia de secagem solar, caracterizada pelo desenvolvimento de novas concepções, materiais e sistemas de automação, tem potencial para melhorar significativamente a eficiência, a fiabilidade e a acessibilidade dos secadores solares na Índia.

-2- Estes avanços prometem um melhor desempenho e facilidade de utilização, tornando a secagem solar mais acessível e benéfica para os agricultores de todo o país. Por exemplo, os designs inovadores podem melhorar o fluxo de ar, levando a uma secagem mais uniforme, enquanto os sistemas de automação podem simplificar a operação e reduzir os requisitos de trabalho manual. Estes avanços podem, em última análise, contribuir para uma maior produtividade e menores custos operacionais para os agricultores que utilizam a tecnologia de secagem solar.

-3- A integração dos secadores solares com a tecnologia da Internet das Coisas (IoT) permitirá a monitorização e o controlo remotos, a manutenção preditiva e a otimização dos processos de secagem, aumentando a eficiência e a produtividade.

2. Apoio e incentivos políticos:

-1- O reforço do apoio governamental através de quadros políticos, subsídios e incentivos pode desempenhar um papel crucial no incentivo aos investimentos em infra-estruturas de secagem solar.

-2- Ao criar um ambiente propício à adoção, estas medidas tornam a secagem solar mais apelativa e financeiramente viável para os agricultores de toda a Índia, acelerando assim a sua adoção generalizada e o seu impacto. Por exemplo, os subsídios ou incentivos fiscais podem ajudar a compensar os custos de investimento inicial da instalação de sistemas de secagem solar, tornando-os mais acessíveis aos pequenos agricultores.

-3- Além disso, as políticas de apoio podem proporcionar segurança regulamentar e estabilidade do mercado, incentivando ainda mais o investimento na tecnologia de secagem solar.

3. Reforço das capacidades e formação:

-1- Os investimentos estratégicos em iniciativas de reforço de capacidades e programas de formação são essenciais para melhorar as competências técnicas dos agricultores e a compreensão das técnicas de secagem solar. Ao fornecer aos agricultores os conhecimentos e a experiência necessários, estas iniciativas permitem-lhes adotar com confiança e utilizar eficazmente os secadores solares. Os programas de formação podem abranger vários aspectos da secagem solar, incluindo a conceção do sistema, o funcionamento, a manutenção e a resolução de problemas. Além disso, os esforços de reforço de capacidades podem ir além dos agricultores e incluir técnicos e prestadores de serviços locais, assegurando o apoio e a manutenção contínuos dos sistemas de secagem solar nas comunidades rurais. Em última análise, o desenvolvimento de capacidades e conhecimentos entre os agricultores e as partes interessadas locais é fundamental para o sucesso da implementação e sustentabilidade das iniciativas de secagem solar.

4. Desenvolvimento do mercado e adição de valor:

-1- Os esforços para reforçar as ligações ao mercado, promover a marca e a certificação dos produtos secos por energia solar e explorar oportunidades de transformação de valor acrescentado podem melhorar a aceitação do mercado e criar fluxos de rendimento adicionais para os agricultores. Ao melhorar a visibilidade do mercado, garantir a qualidade do produto e acrescentar valor através da transformação, estas iniciativas abrem novas oportunidades de mercado e reforçam a viabilidade económica dos empreendimentos de secagem solar.

-2- Por exemplo, os sistemas de marca e de certificação podem ajudar a diferenciar os produtos secos por energia solar no mercado, enquanto a transformação de valor acrescentado, como a embalagem ou a aromatização, pode obter preços mais elevados e alargar o alcance do mercado.

-3- Além disso, a promoção de parcerias com retalhistas e transformadores de alimentos pode facilitar o acesso a mercados e canais de distribuição maiores, aumentando ainda mais a rentabilidade das empresas de secagem solar.

5. Integração com sistemas de energias renováveis:

A integração estratégica de sistemas de secagem solar com tecnologias complementares de energias renováveis, como os painéis solares fotovoltaicos e a energia da biomassa, pode melhorar a eficiência energética, a fiabilidade e a sustentabilidade das operações de secagem solar na Índia. Ao aproveitar as sinergias entre diferentes fontes de energia renováveis, esta abordagem integrada optimiza a utilização de recursos e reforça a sustentabilidade ambiental dos esforços de secagem solar. Por exemplo, a combinação da secagem solar com sistemas de armazenamento de energia pode garantir um funcionamento ininterrupto durante períodos de pouca luz solar, enquanto a energia da biomassa pode fornecer fontes de calor suplementares para a secagem. Esta integração não só aumenta a eficiência global dos sistemas de secagem solar como também reduz a dependência dos combustíveis fósseis, contribuindo para a transição da Índia para um futuro energético mais sustentável.

6. Colaboração internacional

Os esforços de colaboração entre países, instituições de investigação e partes interessadas da indústria podem levar ao intercâmbio de conhecimentos, melhores práticas e inovações tecnológicas, promovendo o desenvolvimento global e a adoção de soluções de secagem solar.

Especificações de amostra: Informe-nos sobre algumas tabelas de especificações técnicas para um secador solar agrícola adequado para diferentes frutas e legumes.

Tabela 6: Tabela de especificações da amostra de um secador solar adequado para
manga [64]

Componente	Especificações
Tipo de secador solar	Secador solar de convecção natural para armárioll
Capacidade de secagem	1 kg de fatias de manga
Humidade inicial Conteúdo	85% (base húmida)
Teor de humidade final	6% (base húmida)
Área do coletor solar	Mínimo 16,8 m^2 23
Aquecedor auxiliar	Utilizado em conjunto com o aquecimento solar direto
Espessura do material	Materiais disponíveis localmente

Fonte: https://brsudani.blogspot.com/

Quadro 7: Quadro de especificações da amostra de um secador solar adequado para a
Sapota
Chikoo [64]

Parâmetro	Especificações
Método de secagem	Secador solar convectivo
Capacidade de secagem	Até 200 kg de sapota por lote
Dimensões da câmara de secagem	2 metros (comprimento) x 1,5 metros (largura) x 1 metro (altura)
Área do coletor solar	4 metros quadrados
Material	Câmara de secagem isolada em alumínio ou aço inoxidável
Controlo da temperatura	Sistema de controlo manual ou automático da temperatura, regulável até 60°C
Fluxo de ar	Sistema de fluxo de ar por convecção natural ou assistido por ventilador
Tempo de secagem	Aproximadamente 2-3 dias, dependendo das condições meteorológicas e da redução do teor de humidade desejada
Fonte de energia	Radiação de subida
Fonte de aquecimento de reserva	Biomassa ou elemento de aquecimento elétrico (opcional)
Controlador	Painel de controlo digital ou analógico
Controlo	Sensores de temperatura e humidade, sistema de registo de dados (opcional)
Ventilação	Aberturas de ventilação ajustáveis para controlo do fluxo de ar

Mobilidade	Design fixo ou portátil
Acessórios	Tabuleiros de secagem, termómetro, higrómetro, utensílios de limpeza
Caraterísticas de segurança	Proteção contra sobreaquecimento, sistema de ventilação, medidas de segurança contra incêndios
Impacto ambiental	Pegada de carbono reduzida, sem emissões de gases com efeito de estufa
Certificação	Conformidade com as normas de segurança e qualidade relevantes (por exemplo, ISO, CE)

Fonte: https://brsudani.blogspot.com/

Quadro 8: Tabela de especificações da amostra de um secador solar adequado para quiabo (Bhindi) [64]

Parâmetro	Especificações
Método de secagem	Secador solar convectivo
Capacidade de secagem	Até 150 kg de quiabo por lote
Dimensões da câmara de secagem	3 metros (comprimento) x 2 metros (largura) x 1,5 metros (altura)
Área do coletor solar	6 metros quadrados
Material	Câmara de secagem isolada em aço inoxidável
Controlo da temperatura	Sistema de controlo manual ou automático da temperatura, regulável até 70°C
Fluxo de ar	Sistema de fluxo de ar por convecção natural ou assistido por ventilador
Tempo de secagem	Aproximadamente 1-2 dias, dependendo das condições meteorológicas e da redução do teor de humidade desejada
Fonte de energia	Solarradiação
Fonte de aquecimento de reserva	Elemento de aquecimento elétrico (opcional)
Controlador	Painel de controlo digital
Controlo	Sensores de temperatura e humidade, sistema de registo de dados (opcional)
Ventilação	Vens ajustáveis para controlo do fluxo de ar
Mobilidade	Design fixo ou portátil
Acessórios	Tabuleiros de secagem, termómetro, higrómetro, utensílios de limpeza
Caraterísticas de segurança	Proteção contra sobreaquecimento, sistema de ventilação, segurança contra incêndios medidas

Impacto ambiental	Baixa pegada de carbono, sem emissões de gases com efeito de estufa
Certificação	Conformidade com as normas de segurança e qualidade relevantes (por exemplo, ISO, CE)

Fonte: https://brsudani.blogspot.com/

J Estas tabelas fornecem especificações técnicas pormenorizadas para um secador solar adaptado especificamente para diferentes tipos de secagem. Incluem informação sobre a capacidade de secagem, dimensões da câmara, material, caraterísticas de controlo, fonte de energia, medidas de segurança e impacto ambiental. Estas especificações são sugeridas para indivíduos ou organizações interessados em adotar a tecnologia de secagem solar para o processamento do quiabo.

Referências

1   . https://sdgs.un.org/goals

2   . https://www.wwfindia.org/news_facts/feature_stories/community_solar_micro_redes_provide_a_ray_of_hope/

3   . https://www.inforse.org/asia/pdf/Pub_India%20solar%20dryers_2014.pdf

4   . Guine, R. P., Brito, M. F., & Ribeiro, J. R. (2017). Avaliação das propriedades de transferência de massa na secagem convectiva de kiwi e berinjela. Revista internacional de engenharia de alimentos, 13(7), 20160257.

5   . Hadibi, T., Boubekri, A., Mennouche, D., Benhamza, A., Besombes, C., & Allaf, K. (2021). Secagem solar-geotérmica / secagem por queda de pressão controlada instantânea de pasta de tomate desidratada mecanicamente. *Jornal de Engenharia de Processos Alimentares, 44*(10), e13811.

6   . M. Mohanraj, P. CHANDRASEKAR. Performance of a Forced Convection Solar Drier Integrated With Gravel As Heat Storage Material For Chili Drying; School of MechanicalSciences, Karunya University, Coimbatore-641114. Índia, Escola de Engenharia e Ciências, Universidade de Tecnologia de Swinburne (Campus de Sarawak), KuchingSarawak- 93576 Malásia; Journal of Engineering Science and Technology Vol. 4, No. 3 (2009) 305 - 314.

7   . Bukola O. Bolaji e Ayoola P. Olalusi. Avaliação do desempenho de um secador solar de modo misto; Departamento de Engenharia Mecânica, Universidade de Agricultura de Abeokuta, Estado de Ogun, Nigéria; AU J.T. 11(4): 225-231 (Abr. 2008).

8   . Conselho Nacional de Horticultura (2019) Área e produção de culturas hortícolas - Toda a Índia. WwwAgricoopNic.in 0:1-3

9   . Conselho Nacional de Horticultura (2020) Frutas e legumes frescos. In: Agric. Process. Food Prod. Export Dev. Auth.

10 .BMA, Hossain MA, Gottschalk K (2010) Conceção e avaliação do desempenho de um novo secador solar híbrido para banana. Energy Convers Manag 51:813-820. https://doi.org/10.1016/j.enconman. 2009.11.016

11 Natarajan, S. K., Elangovan, E., Elavarasan, R. M., Balaraman, A., & Sundaram, S. (2022). Revisão sobre secadores solares para secagem de peixes, frutas e vegetais. Environmental Science and Pollution Research, 29(27), 40478-40506.

12 Jadallah, A. A., Alsaadi, M. K., & Hussien, S. A. (2020). O sistema híbrido (PVT) de dupla passagem com um secador solar de modo misto para secagem de banana. Jornal de Engenharia e Tecnologia, 38(8A), 1214-1225.

13 Hegde, V.N., Hosur, V.S., Rathod, S.K. et al. Conceção, fabrico e avaliação do desempenho de um secador solar para banana. Energ Sustain Soc **5**, 23 (2015). https://doi.org/10.1186/s13705-015-0052-x

14 Agbede, O. O., Odewale, I. S., Aworanti, O. A., Alagbe, S. O., Ogunkunle, O., & Laseinde, O. T. (2023). Secagem solar e ao sol de biomassa de lascas de caule de banana não tratada e pré-tratada: um processamento sustentável de biomassa usando energia solar renovável. Discover Food, 3(1), 17.

15 Muthuvairavan, G., Manikandan, S., Elangovan, E., & Kumar Natarajan, S. (2024). Avaliação do desempenho do secador solar para a secagem de diferentes materiais alimentares: Uma revisão abrangente. IntechOpen. doi: 10.5772/intechopen.112945

16 EL-Mesery HS, EL-Seesy AI, Hu Z, Li Y. Desenvolvimentos recentes na tecnologia de secagem solar de produtos alimentares e agrícolas: A review. Revisões de Energia Renovável e Sustentável. 2022;157:112070. DOI: 10.1016/j.rser.2021.112070

17 Janjai, S. (2012). Um secador solar do tipo estufa para indústrias de alimentos secos em pequena escala: Desenvolvimento e divulgação. Revista internacional de energia e ambiente, 3(3), 383-398.

18 Bala, B. K., Mondol, M. R. A., Biswas, B. K., Chowdury, B. D., & Janjai, S. J. R. E. (2003). Secagem solar de ananás utilizando um secador solar em túnel. Renewable Energy, 28(2), 183-190.

19 . Shrivastava, A., Gaur, M. K., & Singh, P. (2022). Secagem de couro de manga (Aam Papad) em secador solar híbrido de estufa com coletor de tubo evacuado e tabuleiro de secagem com aletas: comportamento de secagem e análise económica. Energy Sources, Part A: Recovery, Utilization, and Environmental Effects, 1-18.

20 Abrol, G. S., Vaidya, D., Sharma, A., & Sharma, S. (2014). Efeito da secagem solar nas propriedades físico-químicas e antioxidantes da manga, banana e papaia. National Academy Science Letters, 37, 51-57

21 Bhatti, Z., Ilyas, S. Z., Korai, M. B., & Shar, A. I. (2022). A conceção e otimização de secadores solares para melhorar a qualidade das datas em Khairpur, Paquistão. Jornal Polaco de Estudos Ambientais, 31(5).

22 Mugi, V. R., & Chandramohan, V. P. (2022). Análise energética, exergética, económica e ambiental (4E) de secadores solares do tipo indireto de modos passivo e ativo durante a secagem de fatias de goiaba. Sustainable Energy Technologies and Assessments, 52, 102250.

23 Mugi, V. R., & Chandramohan, V. P. (2022). Comparação da cinética de secagem, parâmetros térmicos e de desempenho durante a secagem de fatias de goiaba em secadores solares indirectos de convecção natural e forçada. Solar Energy, 234, 319-329.

24 Al Baloushi, M., Bhambare, P., Yadav, R., Achuthan, M., & Walke, S. (2020). Estudo experimental sobre a secagem direta, indireta e ao ar livre de frutos de kiwi utilizando um secador solar do tipo gabinete híbrido. Tecnologia do Estado Sólido, 63(5), 7708-7715.

25 Dalvand, M. J., Mohtasebi, S. S., & Rafiee, S. (2012). Estudo sobre parâmetros estruturais eficazes na taxa de secagem de kiwis num secador solar EHD. Revista Internacional de Ciências e Engenharia Multidisciplinares, 3(5), 66-70.

26 Karaaslan, S., Ekinci, K., Ertekin, C., & Kumbul, B. S. (2021). Secagem de pêssego em camada fina em secador de túnel solar. Erwerbs-obstbau, 63(1), 65-73.

27 Ekka, J. P., Muthukumar, P., Bala, K., Kanaujiya, D. K., & Pakshirajan, K. (2021).

Estudos de desempenho em secador de gabinete solar de convecção forçada de modo misto sob diferentes taxas de fluxo de massa de ar para secagem de figo de cacho. Solar Energy, 229, 39-51.

28 Hanif, M., Khattak, M. K., Rehman, M. U., Ramzan, M., Amin, M., Aamir, M., ... & Saeed, A. (2015). Efeito da temperatura de secagem e dos conservantes naturais na redução das aflatoxinas em dióspiros secos ao sol (Diospyros kaki L). Proc Pak Acad Sci, 52(4), 361-365.

29 Togrul, i. T., & Pehlivan, D. (2002). Modelação matemática da secagem solar de alperces em camadas finas. Journal of food engineering, 55(3), 209216.

30 Mahajan, J. B., Deepak Sharma, D. S., Bandgar, P. S., & Gadage, S. R. (2011). Secagem de limão no secador de túnel solar MPUAT, International Journal of Agricultural Engineering, Vol. 4 (1), 32-36.

31 Chen, H. H., Hernandez, C. E., & Huang, T. C. (2005). Um estudo do efeito de secagem em fatias de limão usando um secador solar de tipo fechado. Solar Energy, 78(1), 97-103.

32 Krabch, H., Tadili, R., & Idrissi, A. (2022). Conceção, realização e comparação de três secadores solares passivos. Aplicação de secagem de laranja para o sítio de Rabat (Marrocos). Resultados em Engenharia, 15, 100532.

33 Djebli, A., Hanini, S., Badaoui, O., & Boumahdi, M. (2019). Uma nova abordagem para o estudo termodinâmico da secagem de tomates em secador solar misto. Solar Energy, 193, 164-174.

34 Ringeisen, B., Barrett, D. M., & Stroeve, P. (2014). Secagem solar concentrada de tomates. Energia para o desenvolvimento sustentável, 19, 47-55.

35 Malakar, S., Arora, V. K., & Nema, P. K. (2021). Projeto e avaliação de desempenho de um secador solar de tubo evacuado para secagem de dente de alho. Renewable Energy, 168, 568-580.

36 . Seshachalam, K., Thottipalayam, V. A., & Selvaraj, V. (2017). Secagem de fatias de cenoura em um secador solar de passagem tripla. Ciência Térmica, 21(suppl. 2), 389-398.

37 Hidalgo, L. F., Candido, M. N., Nishioka, K., Freire, J. T., & Vieira, G. N. A. (2021). Operação de convecção natural e forçada de ar em um secador solar direto assistido por módulo fotovoltaico para secagem de cebolinha verde. Energia Solar, 220, 24-34.

38 Jadhav, D. B., Visavale, G. L., Sutar, N., Annapure, U. S., & Thorat, B. N. (2010). Estudos sobre a secagem em estufa solar de ervilhas verdes (Pisum sativum). Drying Technology, 28(5), 600-607.

39 . Shamiq, S. M., Sudhakar, P., & Cheralathan, M. (2018, agosto). Estudo experimental de um secador solar com diferentes padrões de fluxo de ar na câmara de secagem. Na série de conferências IOP: Ciência e Engenharia de Materiais (Vol. 402, No. 1, p. 012014). IOP Publishing.

40 Adom, K. K., Dzogbefia, V. P., & Ellis, W. O. (1997). Efeito combinado do tempo de secagem e da espessura da fatia na secagem solar do quiabo. Journal of the Science

of Food and Agriculture, 73(3), 315-320.

41 Fudholi, A., Sopian, K., Yazdi, M. H., Ruslan, M. H., Gabbasa, M., & Kazem, H. A. (2014). Análise de desempenho do sistema de secagem solar para pimentão vermelho. Solar Energy, 99, 47-54.

42 .da Silva, G. M., Ferreira, A. G., Coutinho, R. M., & Maia, C. B. (2020). Análise experimental da secagem de milho num secador solar sustentável. Journal of Advanced Research in Fluid Mechanics and Thermal Sciences, 67(2), 1-12.

43 Mugi, V. R., Gilago, M. C., Chandramohan, V. P., & Babu, V. S. (2024). Avaliação do desempenho do secador solar indireto nos modos passivo e ativo durante a secagem de fatias de beterraba. Engenharia de Transferência de Calor, 1-15.

44 Chavan, A., & Thorat, B. (2022). Comparação técnico-económica de secadores solares selecionados: Um estudo de caso. Drying Technology, 40(10), 21052115.

45 . Sawant, C. P., Sharma, P. K., Samuel, D. V. K., Divekar, S. K., & Sahoo, R. N. (2013). Avaliação do desempenho de um secador solar para secagem de sapota.

46 . Jamil, Basharat & T. Siddiqui, Abid & Akhtar, Naiem. (2016). Estimativa da radiação solar e ângulos de inclinação óptimos para superfícies viradas a sul na Região Climática Subtropical Húmida da Índia. Engineering Science and Technology, an International Journal. 19. 1826-1835. 10.1016/j.jestch.2016.10.004.

1. India Solar Resource Maps, Global Horizontal Irradiance-Annual Average, disponível em linha   :
http://www.nrel.gov/international/images/india_ghi_annual.jpg

48. Poonia, S., Singh, A. K., & Jain, D. (2021). Análise técnico-econômica do secador solar inclinado para secagem de cenoura (Daucus carota L.).

49. https://aspirationenergy.com/solar-dryers/

50. https://www.verifiedmarketresearch.com/product/solar-dryer-market/

51. https://www.researchnester.com/reports/solar-powered-agricultural-   secador-mercado/5818

52. Kaimal, A.M., Tidke, V.B., Mujumdar, A.S. et al. Food Security and Sustainability Through Solar Drying Technologies: a Case Study Based on Solar Conduction Dryer [Segurança alimentar e sustentabilidade através de tecnologias de secagem solar: um estudo de caso baseado num secador de condução solar]. Mater Circ Econ 4, 7 (2022). https://doi.org/10.1007/s42824-022-00051-9

53.https://www.yby-irrigation.com/news/benefits-of-solar-irrigation-system-58355404.html

54.https://a.storyblok.com/f/191310/b40b18e4de/thumbnail-2jpg_1.jpg

55.https://www.ctc-n.org/sites/default/files/tunnel_dryer_1.jpg

56. https://www.logisticsinsider.in/why-india-should-consider-switching-to- solar-powered-cold-storage/

57.https://www.saurenergy.com/solar-energy-news/anert-inaugurates- keralas-first-solar-powered-cold-storage-project

58.https://www.thenational.com.pg/solar-used-agriculture/

59.https://interestingengineering.com/innovation/transparent-solar-panels- em estufas

60.https://efsenergy.com/solar-farming-6-key-ways-solar-can-help-your-farm/#prettyPhoto/0/

61.https://clean-coalition.org/community-microgrids/

62.https://solarkilns.com/drying-other-products/food-fruit/

63.Radhakrishnan Govindan, G., Sattanathan, M., Muthiah, M. et al. Análise do desempenho de um novo secador solar integrado com armazenamento de energia térmica para a secagem de cocos. *Environ Sci Pollut Res* **29**, 3523035240 (2022). https://doi.org/10.1007/s11356-021-18052-7

64.https://brsudani.blogspot.com/2024/05/solar-dryer-market-prices-for- dry.html

Printed by Books on Demand GmbH, Norderstedt / Germany